看图识香榧

斯海平 主编

浙江大学出版社 | 全国百佳图书出版单位

图书在版编目（CIP）数据

看图识香榧 / 斯海平主编. -- 杭州：浙江大学出版社, 2018.8

ISBN 978-7-308-18151-8

Ⅰ. ①看… Ⅱ. ①斯… Ⅲ. ①香榧—图解 Ⅳ. ①S664.5-64

中国版本图书馆CIP数据核字(2018)第075685号

看图识香榧

斯海平　主编

责任编辑　季　峥（really@zju.edu.cn）　舒莎珊
责任校对　陈　翩
封面设计　黄晓意
排　　版　杭州兴邦电子印务有限公司
出版发行　浙江大学出版社
（杭州市天目山路148号邮政编码310007）
（网址：http://www.zjupress.com）
印　　刷　绍兴市越生彩印有限公司
开　　本　880mm×1230mm　1/32
印　　张　3
字　　数　83千
版 印 次　2018年8月第1版　2018年8月第1次印刷
书　　号　ISBN 978-7-308-18151-8
定　　价　39.00元

地图审图号：GS（2018）4016号

浙江大学出版社发行部邮购电话（0571）88925591；http://zjdxcbs.tmall.com

主　　编：斯海平

编　　委（按姓氏笔画排序）：

杨士安　陈建平　金航标　斯海平

顾　　问：童品璋

封面题字：骆恒光

前言 PREFACE

说香榧必须先说榧树（*Torreya grandis*），说榧树必须先搞清楚什么是孑遗植物。孑遗植物也称活化石植物，是指起源久远，在新生代第三纪或更早有广泛分布，而目前大部分已经因为地质、气候的变化而灭绝的植物。它们只存在于很小的地理范围内，植物体外形和在化石中发现的基本相同，保留了其远古祖先的原始形状。其近缘类群多已灭绝，因此比较孤立，进化缓慢。榧树系第三纪孑遗植物，为我国特有。

第一个吃榧子的人一定是把它当水果，吃其绿色果肉（假种皮），此后才逐渐品尝出最好吃的还是“核”中的仁，并随着火的利用发现熟吃更香。这个过程历时多久，无法考证。在继续探索的过程中，人们发现这种树木的种子形状和口感千差万别，再从其中挑选出最好的，进而发明或借鉴嫁接法以稳定其优良性状，最终才有了香榧。可以说，香榧的诞生见证了人类的成长。

香榧诞生在会稽山，现有树龄最大的古树超过1500年。唐相李德裕《平泉山居草木记》中云：“木之奇者，有天台之金松、琪树，稽山之海棠、榧、桧。”这是典籍中出现的最早有关“稽山之榧”的记载，可见会稽山脉的香榧早已有较高的知名度。北宋苏轼有专门写香榧的诗《送郑户曹赋席上果得榧子》，刘子翚也写了《答人寄榧》。香榧是靠什么让这些文人如此念念不忘？应该是其特有的香味。这种香味很难用语言描述，只能亲口品尝。

香榧越来越受到人们的青睐，最近20年，不但在老产区大发展，同纬度带10省1市也大面积引种造林，使香榧知名度大增。一些“文化人”便编造肤浅的新“传说”，把西施、秦始皇、嘉靖皇帝说成是香榧“专家”或香榧的崇拜者，这实在是对香榧的戏弄和亵渎。鉴于此，让我们通过实物照片来详细介绍其历史、文化、生产、经营和消费情况，正本清源，还香榧以本来面目。

本书所用的照片未署名的均由主编斯海平拍摄。书中观点大多为有关专家的研究成果或榧农的实践经验，也有部分来自编者自己的观察，因此难免有误，欢迎各位读者提出批评意见。在编写过程中，浙江省香榧协会秘书长、教授级高工童品璋先生给予了热情指导和帮助，诸暨市农林局高燕同志提出了一些建设性意见，上林土特产商行提供了部分标本，在此一并致谢。

编者

2018年2月

目录 CONTENTS

一、榧树的自然分布与古树

目前已发现的红豆杉科榧树属植物有 6 个种、2 个变种。其中，美国有 2 个种：佛罗里达榧和加州榧。日本有 1 个种：日本榧。中国有 3 个种、2 个变种：巴山榧、榧树、长叶榧、云南榧（巴山榧的变种）和九龙山榧（榧树的变种）。除榧树外，榧树属植物种子或不堪食用，或风味远逊。榧树的分布区在北纬 26° 左右的武夷山南段东坡的长汀等地到北纬 32° 左右的安徽大别山区六安、霍山、金寨等地，东经 109° 左右的贵州松桃、湖南湘西龙山一线到东经 122° 左右的浙江沿海的宁海、奉化、象山等地，跨安徽、江苏、浙江、福建、江西、湖南、湖北及贵州。

根据国务院 1999 年 8 月 4 日批准的《国家重点保护野生植物名录（第一批）》，榧树属所有种为二级保护植物。榧树属是起源较早的裸子植物，榧树经受住了地球发展史中的多次冰川袭击，最后在我国华东、华中一带的湿润山地中得到了保存，成为目前世界上天然保存的少数孑遗植物之一，因此其自然分布是块状间断的。

所谓裸子植物，是因其大孢子叶（即珠鳞、套被、珠托或珠座）不形成密闭的子房，胚珠（大孢子囊）裸生，因此，种子是裸露的。裸子植物没有果实，只有种子（为描述方便，本书有时仍以果实称之）。甚至于被人们误认为“果肉”的榧树种子最外层的绿色肉质层连种皮都算不上，只能称为假种皮，因为种皮是由珠被发育而成的，而那层绿色的肉质层则是由珠托增大发育而成的。被我们称为“壳”的那层才是外种皮，被称为“衣”的是内种皮。

小苗嫁接的香榧在嫁接后 10 年左右就可以少量挂果，随着树形逐年增大，产量也相应提高。在会稽山区，有不少千年香榧古树。香榧的经济寿命很长，活一年就生产一年，老年香榧树的单位面积产量并不比壮年树低，而且种子的品质更好。目前中国树龄过千年仍盛产不衰的，只有同为孑遗植物的银杏和榧树。与银杏相比，榧树的分布范围小得多，现有古树主要集中在会稽山区和天目山区，而在会稽山区，约有 9 成是通过嫁接改造成的香榧。会稽山区是香榧的原产地，几乎集中了所有香榧古树。

所谓古树，是指树龄在 100 年以上的树。21 世纪初，金华市磐安县，绍兴市诸暨市、绍兴县（现柯桥区）纷纷宣布发现了“中国香榧王”。

榧树起源地质年代时间轴

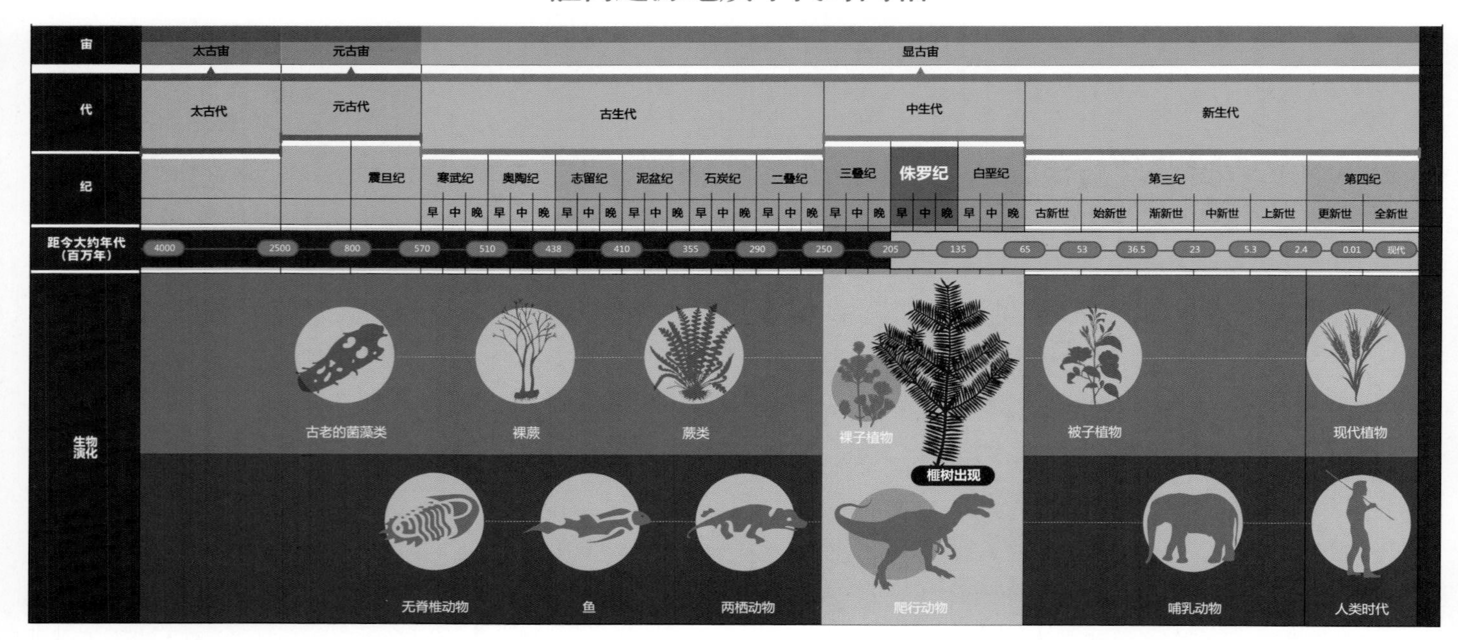

（图片来源：中国香榧博物馆 设计：康培飞）

先说榧树的起源。一般认为种子蕨是裸子植物的始祖，它是在古生代末期（二叠纪的晚二叠世）的地层里被发现的，距今已有两亿五千万年。中生代侏罗纪、白垩纪是裸子植物的繁荣期，松柏科的植物主要是在这个时期形成的，榧树属植物也可能起源于这一时期，距今约一亿三千万年。

中国榧树自然分布区示意图

香榧第一村——浙江省诸暨市赵家镇榧王村钟家岭自然村

（照片提供：骆善新、郭斌）

浙江省诸暨市的“中国香榧王”

此香榧树位于浙江省诸暨市赵家镇榧王村西坑自然村马观音，树高18米，胸围9.26米，冠幅26米，树龄达1300多年。2006年，西坑村与钟家岭村合并，新村因此树而名为榧王村。此树于2007年入选浙江农业吉尼斯纪录，被称为“中国香榧王”。2015年7月，浙江省开展“浙江最美古树”评选活动，此树为浙江“十大树王”中唯一的香榧树。2016年11月，此树获国家林业局“寻找最美古树名木”大赛古树之冠类优秀奖。2017年12月20日，首届“中国最美森林”评选结果揭晓，全国15处森林景观入选，“浙江绍兴会稽山古香榧群”榜上有名，成为浙江省唯一入选的森林景观，此树被称为“最大香榧王”。2018年4月，被全国绿化委员会和中国林学会评为“最美香榧”。

此香榧树位于浙江省磐安县安文镇东川村黄连坞，树龄达1200年以上，树高32米，胸围9.1米，冠幅20米。2015年7月被评为『浙江最美古树』、浙江『十大古树』。

浙江省磐安县的“中国香榧王”

浙江省绍兴市柯桥区的“中国香榧王”

此香榧树位于浙江省绍兴市柯桥区稽东镇占岙村，树高 26.7 米，2012 年经中国科学院植物研究所测定，树龄有 1567 年（图中标志牌有误），有“中国香榧王”之称。2017 年 12 月 20 日，随着“浙江绍兴会稽山古香榧群”入选“中国最美森林”，此树也被称为“最老香榧王”。按照这个树龄推测，该树是公元 445 年的小苗，也就是南北朝时期。但这株古树未必就是第一株嫁接产生的香榧村。那么，香榧究竟是哪一年诞生的？或许永远都是个谜。

此树位于安徽省黟县宏村镇东坑村，当地人称之为香榧树，实为实生榧树，雌性，是黟县最大的榧树。

安徽省黟县最大的榧树

此树位于浙江省诸暨市赵家镇宣家山村杜家坑自然村，实生榧树，雌性，当地人称小圆榧。树高18米，胸围3.84米，冠幅12米，树龄已达千年。杜家坑村为宣姓大家族，该树为宣姓村民共有，所产榧子按人口分配，故名『人丁榧』。

浙江省诸暨市赵家镇宣家山村杜家坑自然村的『人丁榧』

1908 年，陈遹声（1846—1920）等所撰的《国朝三修诸暨县志 · 物产志》记载：“《剡录》引东坡诗，以剡暨接境而误。自东阳至会稽山为黄龙脉，山皆产榧。邑东乡东白山上谷岭一带山村，皆有榧。近上谷岭者更佳。他处种之，皆不实。有粗细二种，以细者为佳，名曰‘香榧’。”这是“香榧”这一名称第一次出现在出版物中。

与上谷岭最接近的村为钟家岭、西坑两村，2006 年合并为榧王村。

图中所示为钟家岭自然村，山的背面为绍兴市柯桥区稽东镇龙西村焦坞自然村与嵊州市谷来镇袁郭岭村袁家岭自然村。

香榧林中的浙江省诸暨市赵家镇榧王村钟家岭自然村

图中所示为离上谷岭最近的榧王村西坑自然村的香榧古树群，远处为钟家岭自然村。

浙江省诸暨市赵家镇榧王村西坑自然村的香榧古树群

二、榧树的品种类型及伴生树种

现代植物分类学是按照界\门\纲\目\科\属\种及种以下的变种、类型、品种进行划分的。按照这个阶梯，香榧属于植物界\裸子植物门\红豆杉纲\红豆杉目\红豆杉科\榧树属\榧树\香榧（品种）。香榧的种子是我国特有的珍贵干果（榧树是裸子植物，没有果实，只有“种子”，但榧子在食品中属于干果）。香榧是集食用、药用、油用、作香料及供观赏等多种用途于一身的优良品种。

榧树种以下类型的划分依据是种子的形状与品质，各类型之间存在连续渐变过渡，常常有同一类型在各产地的名称不同，不同类型却使用同一名称（如第16页的两种“米榧”的外形明显不同）的情况。1980年，马正三根据榧农的经验，种子的形状、大小、棱纹、种脐等特征，经济性状，枝叶形态等，将榧树进行了划分，这是迄今为止为最多人所接受的划分方法。（1）长果型。种子长圆形，两头尖、中间粗，核形指数（最大直径与长度之比）< 0.5。①细榧（细榧是香榧在浙江一带的通称，香榧是品种，不是自然类型，但为了便于比较，也列入）；②茄榧；③米榧；④芝麻榧。（2）圆果型。种子呈卵圆形，头部膨大、基部钝圆，核形指数 > 0.5。①圆榧；②大圆榧；③小圆榧。他同时指出，不论何种类型，各地都有称呼其为“香榧”的，而所有类型又都可以以“木榧”称之。实生榧树种子性状不稳定，变异跨度很大，如茄榧的后代可能为芝麻榧，圆榧的后代可能为米榧。有时还会发生芽变，即其中一条树枝上产生形状、大小和风味完全不同的榧子；甚至在雄树上出现一条雌性的树枝，结出正常的榧子。

在我国，较早对榧属植物进行分类研究的是著名植物学家胡先骕（1894—1968）先生。他根据种子胚乳组织皱褶与否，将榧属植物划分为皱褶组、平滑组两类。1995年，康宁、汤仲壎发表文章，延续了胡先生关于胚乳皱褶组和胚乳平滑组的分法，但对各组所列类型的位置做了调整，并将名称相应地改为皱乳榧组和榧组。

榧树种内关系示意图

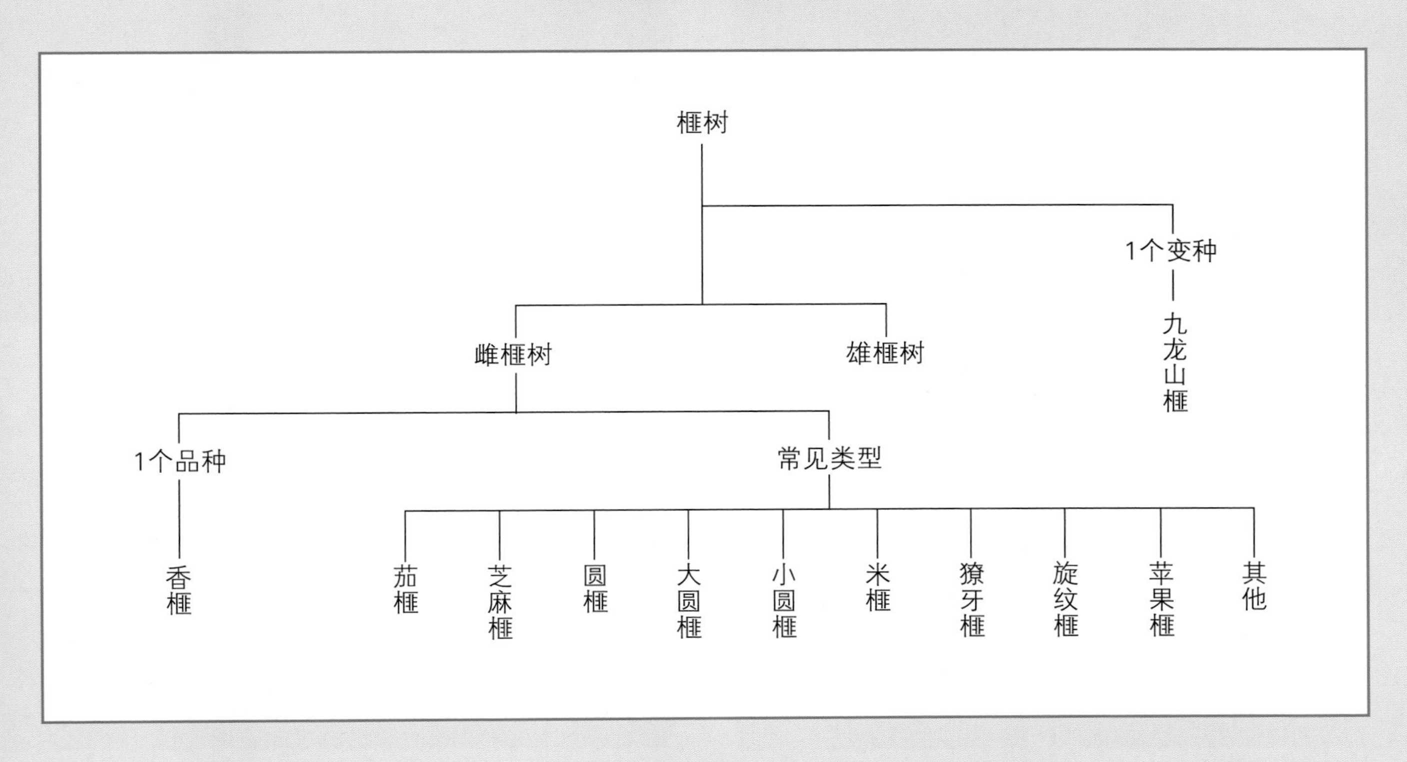
榧树
1个变种
九龙山榧
雌榧树
雄榧树
1个品种
香榧
常见类型
茄榧
芝麻榧
圆榧
大圆榧
小圆榧
米榧
獠牙榧
旋纹榧
苹果榧
其他

香榧（浙江省诸暨市赵家镇钟家岭自然村）

芝麻榧（浙江省诸暨市赵家镇）

大圆榧（浙江省诸暨市赵家镇，当地称“卵泡榧”）

小圆榧（浙江省诸暨市东白湖镇）

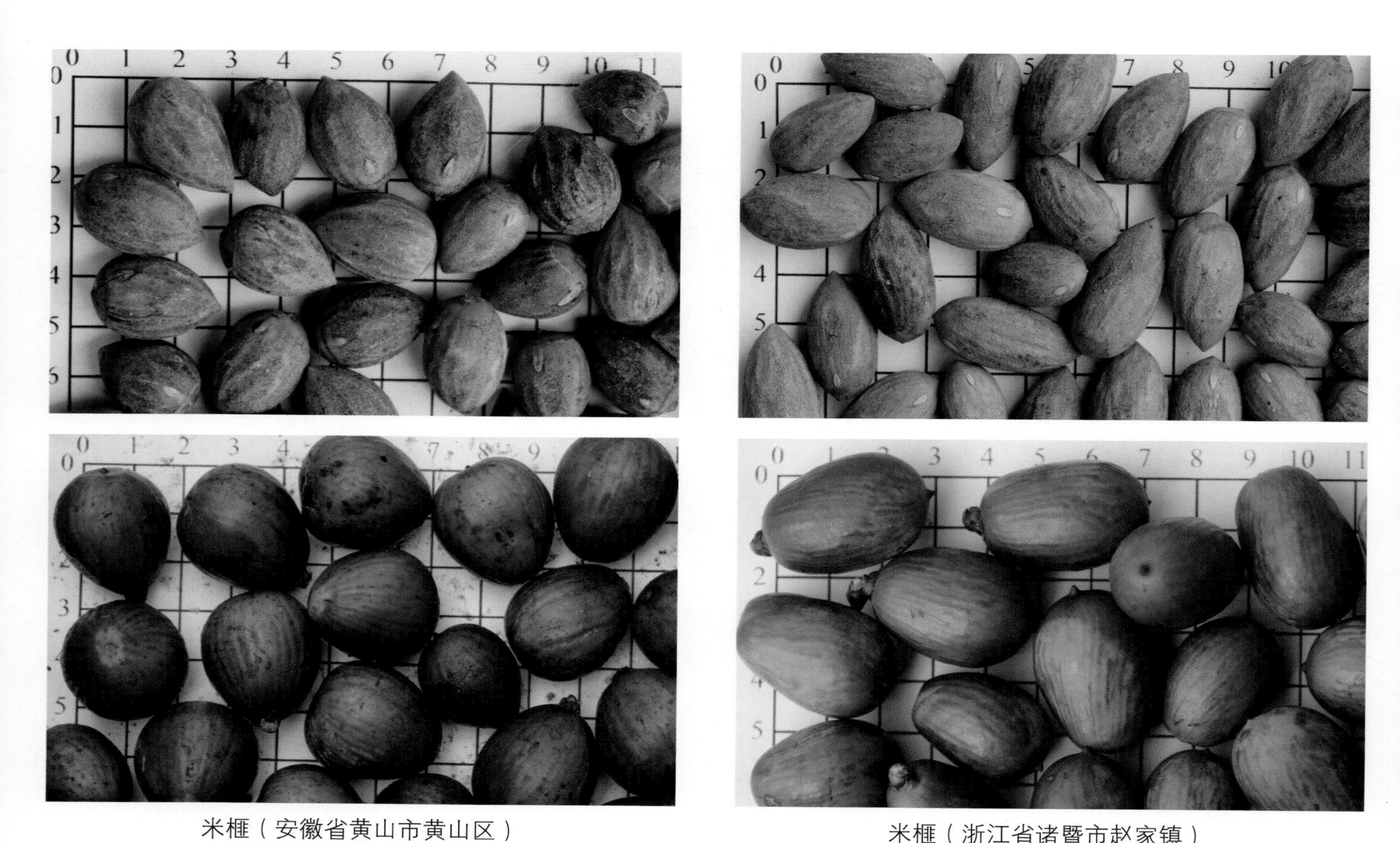

米榧（安徽省黄山市黄山区）

米榧（浙江省诸暨市赵家镇）

獠牙榧（浙江省诸暨市赵家镇）

苹果榧（安徽省黟县）

以上是榧树部分类型的种子与香榧的种子的比较，可以看出它们的大小和形状的区别。特别是苹果榧，目前只发现了 1 株，没采到几个标本，这是已经发现的榧树类型中带假种皮的种子直径大于长度的特例。

榧树与香榧的区别

榧树生长较慢，寿命长达千年，生长 20 年以上开始结实，而小苗嫁接成香榧树后几年就能开花。榧树是乔木，有明显的主干。《尔雅翼》载："榧似煔而材光，文彩如柏，古谓文木。"《正字通》载："榧，木皮似杉，大连抱，肌细腻，坚韧可材。"但香榧一般没有明显的主干，两相比较，区别非常明显。

榧树

	榧树 *Torreya grandis* Fort. ex Lindl.	香榧 *Torreya grandis* Fort. ex Lindl. 'Merrillii'
分类地位	红豆杉科榧树属6个种之一	榧树的品种
树形	主干明显、通直	无明显主干，树冠开展
嫁接	未经嫁接	经过嫁接
雌雄	雌雄都有，甚至有个别雌雄同株	均为雌树
种子	外形、大小、品质差异显著，风味一般比香榧差，成熟期比香榧迟10～60天	外形、大小、品质无显著差异，品质优良，9月成熟
榧眼	2～4（8）个，排列有时不规则	2个，对生
叶	绿色，较薄，刺较尖	深绿色，较厚

香榧

榧树（香榧）与南方红豆杉、粗榧、三尖杉的区别

榧树分布于南方，伴生树种众多。其中南方红豆杉、粗榧、三尖杉这 3 种因叶子形状与榧树接近，初识者不易区分，连当地人有时也会搞错。常有人以这几种小树作砧木，嫁接香榧，但至今尚无成活的报道。现将这 3 个树种与榧树最明显的区别特征列表如下：

树种	分类地位	叶	种子
榧树（香榧）	红豆杉科 榧树属	气孔带常与中脉带、边带等宽	种子无梗，贴近树枝
南方红豆杉	红豆杉科 红豆杉属	中脉带明晰可见，其色泽与气孔带区别明显	种子最小，长5 ~ 7毫米，生于杯状红色肉质的假种皮中，前端开口
粗榧	三尖杉科 三尖杉属	上面中脉隆起，下面有2条宽气孔带	种子有梗，通常2 ~ 5个着生于轴上，种子长1.8 ~ 2.5厘米
三尖杉	三尖杉科 三尖杉属	上面中脉隆起，下面有2条气孔带，宽为绿色边带的3 ~ 5倍，叶长为另外几个树种的3倍左右	种子有梗，大小接近香榧

榧树（香榧）

南方红豆杉

粗榧

三尖杉

三、营养器官

高等植物的根、茎、叶被称为营养器官，简而言之就是植物体。榧树与香榧营养器官的区别不大，因此本节主要以香榧为介绍对象。

树木根系的两大作用：粗大的支撑根固定树体；细小的根毛从土壤中吸收所需要的水分和养分。香榧属于浅根性树种，只在幼年期有明显的主根，随着树龄的增长，侧根分生能力增强，生长加速，主根生长受到抑制。进入盛产期后，由骨干根、主侧根和须根组成发达的水平根系，主根深仅 1 米左右。根系的水平分布一般为冠幅的 2 倍左右，多至 4 倍；根系多分布在 70 厘米深土层内，少数达 90 厘米，密集层在距地表 15 ~ 40 厘米处。因此，在坡度较大的山上要特别注意砌坳保土。香榧的根为肉质根，不耐水湿，不宜种在低洼地上，以防积水。

香榧的结实能力强，细弱的枝条也能结实，特别是幼年期，下部枝条先结实，上部枝条斜向生长，担负增加枝条数量和扩大树冠体积的任务。因此，为了增强树势，不宜过早提供授粉条件，以免因结实而分散养分。

香榧主枝的延长枝不结实，一直往前伸长，而侧枝生长变弱后，其顶侧枝和延长枝均能结实，形成结实枝丛，所以主枝上的副主枝难以形成，主枝常呈细长的竹竿形。为此，可在适当部位对主枝的延长枝进行短截，发枝后，留养中间一枝作延长枝，培养一条强壮侧枝，使之成为副主枝。但目前在生产上很少这样做。

香榧叶片线形，长 1.1 ~ 2.5 厘米，最长可超过 3 厘米，宽 2 ~ 4 毫米，先端急尖，具刺状短尖头，基部圆形或近圆形，两侧下沿，着生于枝条，上表面绿色，下表面淡绿色，有 2 条气孔带。榧树的叶从 5 月中旬开始生长，6 月上旬基本定型，历时 25 天左右。榧树是常绿树种，单叶寿命很长，长势好的可达 4 年之久，长势弱的为 2 年。随着新梢、新叶的生长发育，老、新叶间有明显的替换现象。

香榧树的支撑根

榧树的枝在主干上近对生或轮生。叶螺旋状着生，在侧枝上以基部扭曲的形式排成两列。而香榧因为经过嫁接，无主干，叶都排成两列。

香榧叶的背面

榧树的一年生枝

香榧的一年生枝

香榧幼树可发春梢、夏梢及秋梢（分界点有时不明显），成年香榧树则只能抽春梢。新梢集中在基枝的顶部，一般3～4枝，排列成扇形或漏斗形，中间1枝为基枝的延长枝，枝在干上明显排列成层。

香榧结实枝模式图

（图片来源：中国香榧博物馆 设计：康培飞）

香榧侧枝群

香榧由 1 ～ 3 级枝组成树冠骨架，通常在第 3 级枝上开始着生侧枝群。由延长枝、营养枝、结果母枝和结果枝组成的侧枝群是榧树营养生长与结实的物质基础。侧枝群从产生至衰败一般为 6 ～ 7 年。

香榧从投产开始，侧枝就进入“生长—结实—脱落”的循环，生长量超过脱落量时，树冠就不断壮大，反之就进入衰老期。到一定树龄后，树冠就逐年缩小。树枝脱落处，常出现碗状疤痕。

香榧侧枝的衰败脱落

香榧主枝上的芽

香榧树主枝上具有1个顶芽（抽生延长枝）、2个或以上侧芽。这是构成树体骨架的基础。

香榧的隐芽

香榧树上只要是生长过叶子的地方，都有可能存在隐芽。光照可促进隐芽的萌发，产生新枝，从而使树冠更丰满。

香榧的老干新枝现象

香榧树存在老干新枝的现象，特别是在粗大的树枝断裂时，隐芽萌芽的新枝能促进树势恢复。

四、开花结实

本节介绍榧树的生殖器官。

榧树是裸子植物，雌雄异株。种内品种类型主要是根据其种子形状与品质被人为划分的。因此，雄树无所谓品种类型，只有雄榧树，没有雄香榧树，而香榧树全都是雌的。只要花期相遇，雄榧树能给任何品种类型的雌榧树授粉。

每年 3 月下旬，雌榧树新芽萌动。4 月上旬，雌花在新芽叶腋中形成并露出胚珠。榧树的所谓“雌花”，是不完全花，没有鲜艳的花瓣，只有不到半粒芝麻大小的雌蕊，而开花也只是每天 9—11 时在雌蕊的珠孔上吐出一颗肉眼较难发现的露珠状分泌物（即受粉滴），等待雄榧树的花粉，要是连续几天等不到，雌花就会凋零。再说雄花：与雌花不同的是，雄花的花芽生于上一年枝条的叶腋，在冬季就可以看到，开春后，花芽迅速膨大，到 4 月上、中旬，雄球花开放，散出淡黄色的花粉，可随风飞扬数千米，为雌花授粉。

早期人们对雄榧树的授粉作用认识不足，以为它是华而不实的品种，便常把它砍掉或嫁接成香榧树，导致部分地区的香榧树多年颗粒无收。1959—1962 年，诸暨县林业特产局汤仲壎在钟家岭村揭开了香榧开花受粉的秘密，进行的人工辅助授粉试验获得成功，解决了香榧树的间歇结实问题，使产量显著提高。香榧人工辅助授粉技术的应用被称为香榧栽培史上的第二次技术革命。

榧树胚珠受粉之后，珠托迅速发育，并包住整个胚珠，形成了假种皮的雏形，之后胚珠发育基本停止，直到次年 4 月，胚珠重新发育，假种皮的细胞也开始加速分裂，到 7 月前后，就能形成约由 30 多层薄壁细胞组成的肉质假种皮。其中，由外向内逐步形成了 3 ～ 4 个环形分布的树脂道带，每条带有树脂道 30 ～ 40 个。树脂道周围的上皮细胞，6 月以前主要含淀粉和单宁，之后逐步转化为树脂并分泌入树脂道。正因为榧树从受粉到种子成熟的时间长达 17 个月，因此有 5 个月的时间，树上能看到前后两年生的种子。虽然这种现象在裸子植物中并不稀罕，但古人却由此编造出了“三代同堂”“千年香榧三代果”之类的话；不过也有人认为这是因为香榧投产期太长，爷爷种植的树产的果要等到孙子长大时才能吃到，与银杏被称为“公孙树”的原因类似。不管何种说法，都有民俗意义，但也都略牵强。

榧树的雌花

榧树雌花生于新芽叶腋中，成对生长。雌花开放时，在胚珠的珠孔上会吐出一颗受粉滴。这种现象在无雨的天气条件下，需仔细观察才能看到。图为正在开放的香榧雌花，因照片经过放大，晶莹的受粉滴清晰可见。

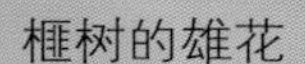

榧树雄球花单生于叶腋，椭圆形或卵圆形，有短梗，具 8 ~ 12 对交叉对生的苞片，呈 4 行排列；苞片背部具纵脊；雄蕊多数，排列成 4 ~ 8 轮，每轮 4 枚，各有 4（稀 3）个花药向外一边排列；有背腹面区别的下垂花药，药室纵裂，药隔上部边缘有细缺齿，花丝短。4 月上、中旬时开放，散出淡黄色的花粉。榧树的花是风媒花，花粉可随风飞扬至数千米。图为即将撒开的榧树雄球花。

虽然花粉能飘很远，但无花粉源的香榧树只能依靠人工辅助授粉。常用方法是采集即将开放的雄球花，摊于纸上，置阴凉通风处，让其自动散出。限于工具，早期对树形高大的香榧树只能用竹制授粉器。

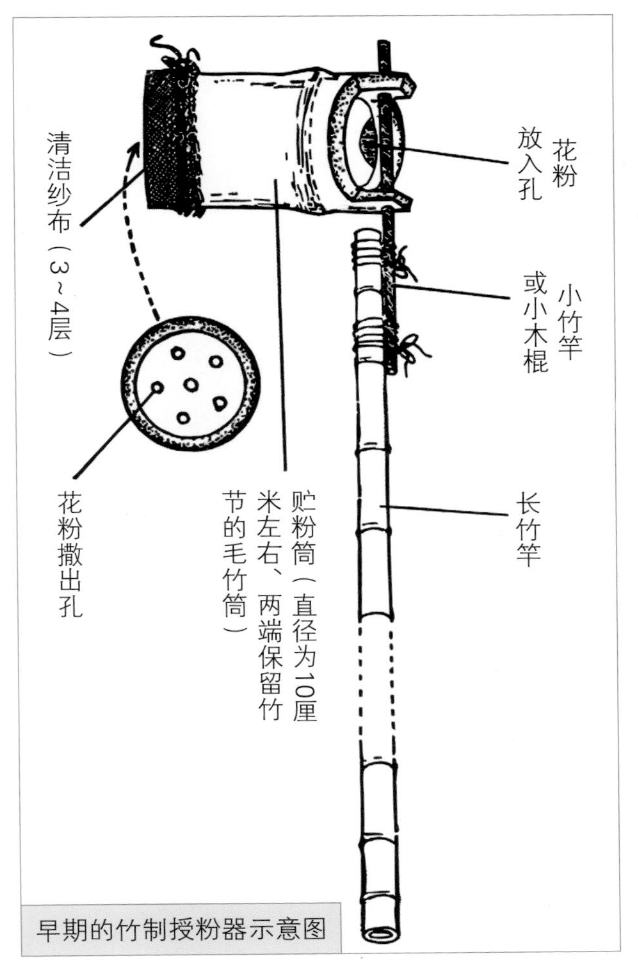

早期的竹制授粉器示意图

（图片提供：马正三）

用竹制授粉器进行人工授粉

（照片提供：马正三）

长期以来，有一半以上的香榧树存在过度的落花落果现象。所谓落果，是指幼小种子停止发育并干瘪。为营养和空间所限，植物会自动停止部分果实或种子的发育，这是正常的自疏现象。但香榧会过度自疏，有几年甚至非常严重，这是辅助授粉技术成熟后部分香榧树仍然低产的主要原因。1995—1997 年，诸暨市林业技术部门选用保果剂“爱多收”对香榧进行保花保果，取得了很好的效果，使大量长期歉收的香榧树结实累累。香榧保花保果增产技术的应用被称为香榧栽培史上的第三次技术革命。

香榧的落果现象（黄色、干瘪的为即将掉落的幼果）

香榧种子的形成和发育

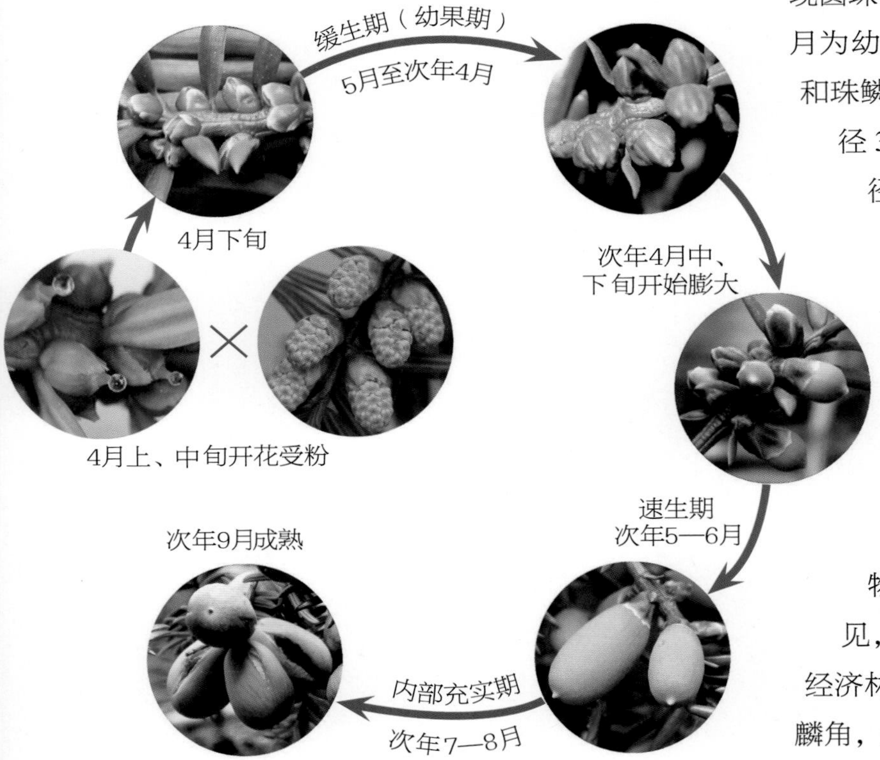

缓生期（幼果期）

5月至次年4月

4月下旬

次年4月中、
下旬开始膨大

4月上、中旬开花受粉

速生期
次年5—6月

次年9月成熟

内部充实期

次年7—8月

香榧于 4 月上、中旬开花，在雌花珠孔处出现圆珠状的受粉滴，接受花粉后，5 月到次年的 4 月为幼果期，历时 1 年，幼果全部被包埋于苞鳞和珠鳞之中。果实由最初的纵径 5 ～ 6 毫米、横径 3 ～ 4 毫米到最后的纵径 6 ～ 6.5 毫米、横径 4 ～ 4.5 毫米，增长甚微。次年 4 月中、下旬幼果从珠鳞中伸出，至 6 月底果实基本定型，为果实体积增长旺盛期，历时约两个月。9 月种子成熟。

香榧从受粉到种子成熟历时 17 个月，有 5 个月时间前后两年生的种子并存，古人因此讹传出“三年始可采”之说，并演化为“千年香榧三代果”。其实，在植物界，前后两年生的种子并存的现象并不少见，粗榧、三尖杉、马尾松等都是这样。但是经济林树种孕果（种子）期超过 1 年的却是凤毛麟角，这正是香榧的与众不同之处。

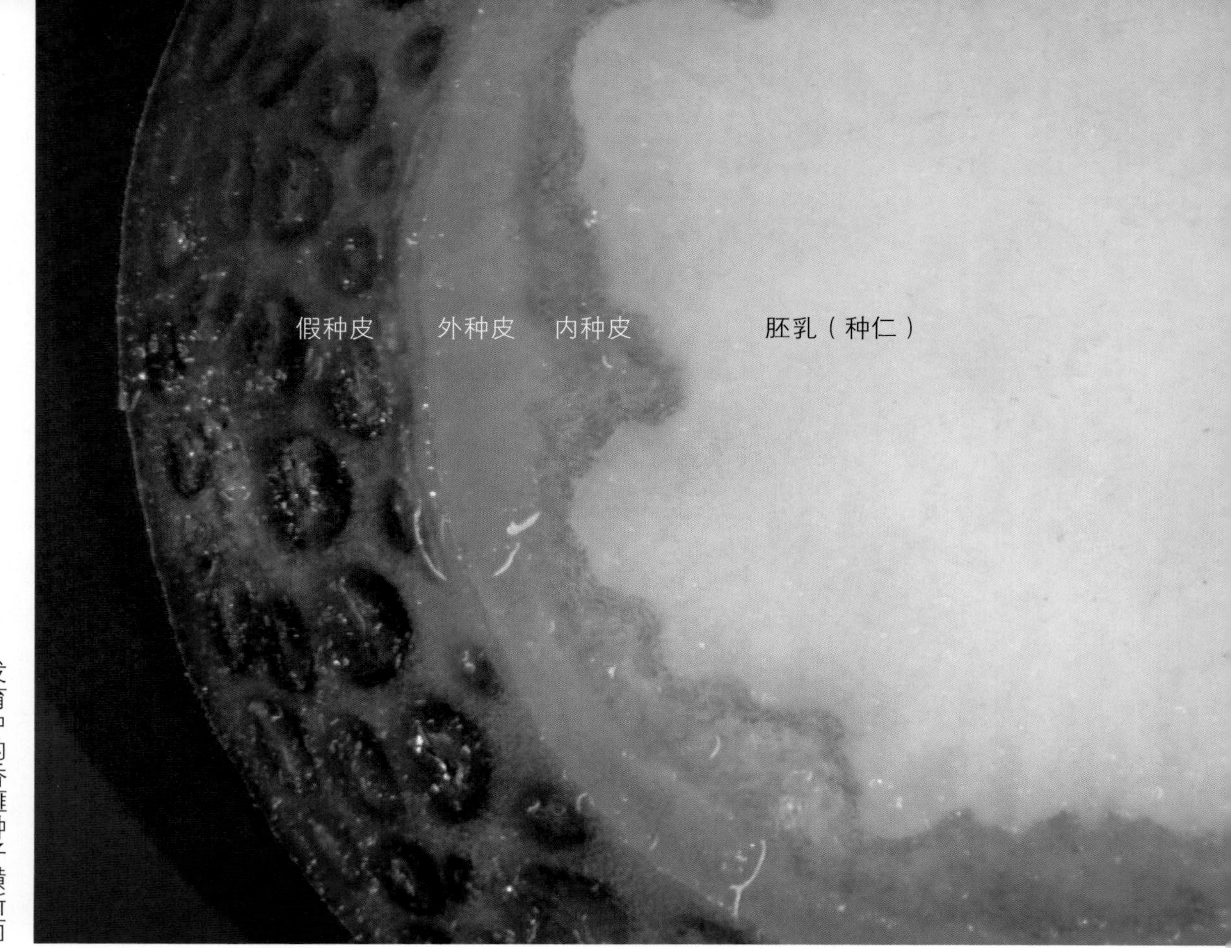

发育中的香榧种子横断面
（照片提供：夏国华）

五、育苗与嫁接

明确了榧树与香榧的关系，了解了香榧是榧树中种子品质最好的、也是唯一的品种，人们就希望尽可能多地把榧树改造成香榧。对此，勤劳智慧的会稽山先民在生产实践中摸索出了通过嫁接巩固其性状的方法。《国朝三修诸暨县志》载："山民常以经过接木与否，而有粗细或真假之分，凡接过之榧树，称之曰细榧或真细榧；未经接过者，统称之曰粗榧、假细榧或草榧。"现在说的"实生树"，是相对"嫁接树"而提出来的概念，就是从种子长出来的、未经嫁接的树。只要是香榧，都是嫁接树。最早被人们选中作为香榧接穗提供者的优良单株或芽变肯定来自实生树，只是已无从查考。现在也能找到种子形状与品质无异于香榧的实生树，但不能说它们就是香榧树。当然也不是只要经过嫁接就一定是香榧，那还得看接穗来源。

香榧这一品种自诞生以来，发展一直非常缓慢。由于沿用移植野生苗和对天然生长的榧树采取大砧嫁接的方法繁殖，香榧树数量少，成活率低，生长慢。后来虽出现了直播造林和育苗移植，但也只是在原产区采用，没有引种，没有形成规模，因而香榧产量长期处在较低的水平上，更不可能形成相应的产业。

1959年，浙江省诸暨苗圃首次通过将香榧种子湿沙贮藏、变温处理，进行香榧催芽，圃地播种育苗。1960年，进行圃地小苗嫁接试验，成活率达88.63%。同年3月27日，浙江省香榧育苗现场会在钟家岭村召开。嫁接育苗的成功，使因缺少苗木而抑制香榧生产发展的瓶颈得以打破，因此被称为香榧栽培史上的第一次技术革命。从此开始采用香榧嫁接苗造林，为大面积造林打下了坚实的基础。与实生树相比，嫁接树的种子品质大大提高了，同时产前期也大为缩短。

关于香榧嫁接，有几个概念需要解释一下。砧木与接穗的亲缘关系越近，亲合力越强，种内嫁接的成活率高于种间嫁接；香榧作砧木的成活率又高于实生类型。枝接也叫苗砧接，指用带芽枝条作接穗的嫁接方法。目前，培育嫁接苗就是采用枝接的方法。它又分切接和劈接。香榧的大砧接用的是插皮接的方法。胚枝接又称种砧接，方法是把接穗直接插入已发芽种子的两片子叶之间。

这是一颗榧树种子在一年中从发芽到成为幼苗的过程。但不管是香榧种子还是实生榧树种子，这样长成的只是榧树苗而不是香榧树苗。要成为人见人爱的香榧树，还必须经过嫁接。

一颗榧树种子在一年中从发芽到成为幼苗的过程

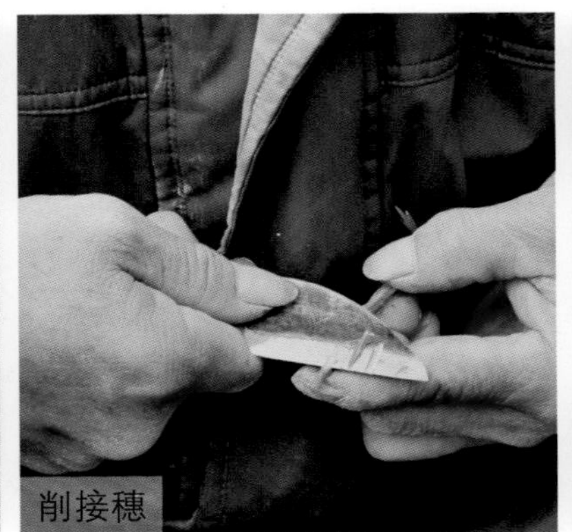

榧树树龄长达千年以上，未经嫁接的，雄树 10 ~ 12 年才开花，而雌树则需 20 年以上。这也是“千年香榧三代果”的另一种解读，就是说，爷爷种下的榧树要到孙子辈才能享用，真是“前人栽树，后人乘凉”。

果用树种一般产前期只有几年，有的栽种次年就能结果，榧树堪称另类。嫁接在提高香榧品质的同时，还能促使其提早投产。现多用小苗嫁接培育香榧苗，一般以 1 ~ 2 年生苗木为砧木，成年香榧树枝为接穗。因接穗生理年龄较大，接后数年就能产生雌花，但此时树体过小，不宜提供授粉条件，以免结实而导致营养分散，影响长势，一般应在嫁接后 10 年开始逐渐挂果。即使采用大砧高接换头的，也不宜过早结实。

有人利用香榧嫁接苗早实的特点培育盆景，虽能常年赏果，但因盆土有限，肉质根树木不耐水湿，管理比较麻烦。

1981年香榧露地苗圃嫁接（照片提供：马正三）

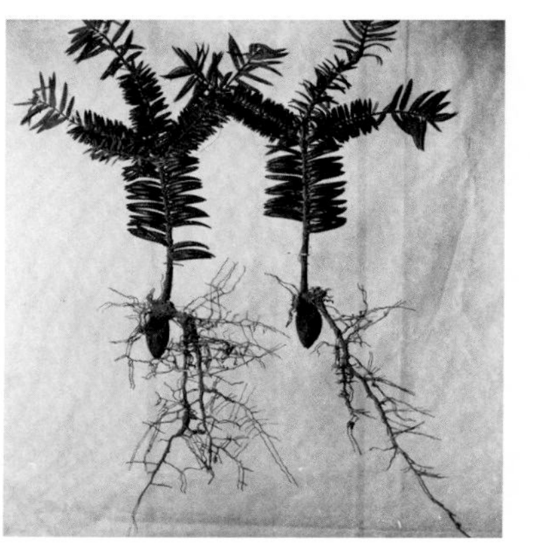

胚枝嫁接的香榧苗（照片提供：马正三）

香榧胚枝嫁接是诸暨县林业科学研究所马正三等人在20世纪80年代初研究成功的专门用于香榧的嫁接方法，主要是利用榧子胚乳营养丰富、不易腐烂，经湿沙变温处理后胚轴发育粗壮，外被种壳保护及香榧接穗小的特点，把枝条直接嫁接在两片子叶之间。又称种砧接。

香榧工厂化育苗的发展被称为香榧栽培史上的第五次技术革命。2002年，诸暨市林业局在人工创造的优良环境条件下，采用规范化、机械化、自动化手段，喷雾、滴灌等技术措施进行单体大棚营养袋（盆）工厂化、标准化成批培育香榧优质造林苗木，降低了育苗成本，提高了造林成活率。

香榧工厂化育苗基地

已经长出新芽的香榧『2+2』嫁接苗

香榧『2+2』嫁接苗是指用2年生实生苗嫁接后又生长了2年的香榧苗。在香榧小苗嫁接成功后的几十年中，为了节省成本和提高效率，『2+2』嫁接苗成为香榧造林的主要选择。

香榧大苗

技术的进步促成了从实生苗造林到嫁接苗造林的飞跃，使香榧“走出大山”，被广泛引种；新型材料的出现带来了从地栽苗到容器苗的转变，大大提高了造林成活率；生产力的提高和投资力度的加大又催生了大苗造林，因为香榧幼年期生长太慢，而用已经投产的苗木造林，一经种植就能看到收获的希望，可谓“用金钱换时间”。

香榧大砧接

香榧的“牛膝”现象

香榧大砧接已有上千年的历史，现有的香榧古树都经过大砧接。

限于材料，古时候只能采用低桩嫁接的方法，包以笋壳、箬叶或棕榈叶后再壅土保湿。该法在嫁接后未成活时，树桩不易补接。

由于接穗的生长速度快于砧木而使嫁接部位显得上粗下细，这称为“牛膝”现象。香榧生长速度比实生榧树快，特别是在用圆榧作砧木时。“牛膝”现象是古时香榧嫁接高度的证据，因为已经木质化的树干只会增粗而不能伸长。

六、造林与扩展

香榧是一种小宗的林业特产。其产地只限于我国南方部分地区，产量有限，单价远高于银杏、山核桃、榛子、板栗等干果，经济效益很高。按最保守的估算，每亩（1 亩≈ 666.7 平方米）种植 20 株“2+2”小苗，20 年后，若平均每株产带假种皮的种子（榧蒲）10 千克，每千克按 40 元计算，每亩每年产值达 8000 元。随着树龄的增长，相对密度加大时，可用移植或间伐调整，对单位面积产量影响不大。香榧经济寿命很长，开始投产后就能年年结实，盛产期直到终老，目前上千年古树结实累累的比比皆是，单株年产值过万元的并不鲜见。因此，香榧产区的空闲山地近年都被种上了香榧。

一般认为，榧树的自然分布区，也就是西至东经 109°，东至东经 122°，南至北纬 26°，北至北纬 32°，只要立地条件适宜，都可以种植香榧。而垂直分布因地理位置而异，在香榧主产区的浙江会稽山区，海拔 100 ~ 800 米的低山丘陵上都有香榧分布，但以海拔 300 ~ 600 米较多，产量较高，质量也相对较好。而在中亚热带南部的武夷山，在海拔 1800 ~ 2000 米处，榧树仍能正常生长发育。榧树对地质土壤条件适应性较广，多在凝灰岩、石灰岩、紫色砂页岩和花岗岩发育的土壤中生长。土壤类型以红壤、黄壤为主。榧树对气候条件的要求是：年平均气温 15℃以上，绝对最低温度不低于－16℃，年降水量大于 1000 毫米。在此范围内，榧树均可正常生长、结实。榧树幼年喜阴，怕高温干旱和强日照；结实以后需要充足的光照，光照不足则产量低、品质差。成年榧树具有较强的抗旱性。

香榧理想的造林地为阴凉、空气湿度较大、光照不太强且排水良好的低山丘陵。在森林植被保存好的小环境，即使海拔 100 米以下的平原，香榧也能生长发育良好。微酸至中性的黏壤土、砂壤土、紫色土、石灰土等土壤中均可种香榧；pH 值 5 以下的酸黏红壤不经改良，则不适宜。因为香榧开始结实以后要求有充足的光照，所以种植密度不宜过大。

香榧首先从会稽山一带走向全省，再走向其他省（区、市），目前，全国已有 10 省 1 市引种。香榧基地规模从几十亩到几千亩都有，总种植面积达 80 多万亩。据郑仁木《香榧栽培法》记载，20 世纪 50 年代，“苏联、罗马尼亚、捷克斯洛伐克、越南等，均先后向浙江省采办过香榧种子和苗木”。因为没有跟踪报道，不知道这些引种是否成功。

古时候，香榧树多为野生榧树经嫁接改造而成；也有移植野生苗造林，待长到直径 5 厘米以上再嫁接。香榧树冠庞大，空旷处枝展超过 10 米。

在钟家岭的这片香榧古树林中有一条有趣的“天沟”（即山谷中由于雨水冲刷形成的水沟，往往成为分山的界线），天沟一边的一家把树苗种到地界边缘，对天沟另一边的一家“借天不借地”，占点小便宜，而对方也会针锋相对反“侵略”，遂造成这种“古树对峙”、借不到天只能拼命往高处生长的现象。

钟家岭古香榧林

茶园套种实生榧树苗

先栽实生苗再嫁接改造曾是老产区低成本经营香榧产业的传统模式，利用实生苗适应性强、价格低的优点。整地后，先栽实生苗，待苗木长壮实后，再嫁接香榧，即『用时间换金钱』。尤其是在茶园等已有收益的林地上套种，要花费更多的时间与精力。这种做法的不足之处是：成林时间长，实生苗的改造比较分散，花费工时，特别是要有掌握嫁接技术的人手和粗壮的香榧接穗。

香榧造林时应配置一定比例的雄榧树。雄榧树可以利用嫁接产生；也可以培育实生苗，通过观察进行鉴别。实生雄榧树一般10～12年开始开花。新建香榧基地可待雌树有一定树龄后再配置1%～2%的雄树，避免幼树过早结实，影响香榧树的营养生长。

已经能长出雄花球的实生雄树

这里介绍几个香榧造林基地。

浙江省诸暨市赵家镇是香榧中心产区，尤其是榧王、宣家山等村，拥有全国半数以上的香榧古树。当地有“一年种榧千年香”“一代种榧百代凉”的谚语。勤劳的榧农利用当地的地利与技术优势，大力种植香榧。

浙江省诸暨市赵家镇宣家山香榧基地　　（照片提供：骆善新、郭斌）

浙江省诸暨市东白湖镇娄东村较早利用香榧嫁接苗规模造林，在 20 世纪 70 年代就确立了以种植香榧为主、蚕桑为辅的发展思路，着手繁育香榧苗，建立香榧基地。此后，娄曹的香榧栽培面积逐年扩大，累计种植 1200 亩。目前香榧已覆盖全部可利用土地，村庄掩映在香榧林中。图中远景中间为走马岗，走马岗背面就是赵家镇宣家山村。

浙江省诸暨市东白湖镇娄东村的香榧林

浙江留家坪生态林业有限公司于1997年开始香榧造林，是国内最早进行香榧规模化种植的私营企业。图中所示是该公司在浙江省浦江县杭坪镇的香榧产业基地，面积超过5000亩。

浙江留家坪生态林业有限公司位于浙江省浦江县杭坪镇的香榧产业基地

浙江省诸暨市东白湖镇是香榧老产区，近年来，在国家产业政策的推动下，这里的香榧造林发展迅速。现有新开发的香榧基地 10000 多亩，形成了“企业开发基地，基地巩固企业”的良性互动。

浙江天珍农业开发有限公司位于浙江省诸暨市东白湖镇斯宅村的香榧产业基地

浙江省新昌县康益祺农业发展有限公司从 2002 年开始投资香榧造林，现已建立香榧基地 5000 余亩。

浙江省新昌县康益祺农业发展有限公司位于浙江省新昌县沙溪镇的香榧产业基地

安徽詹氏食品股份有限公司位于安徽省宁国市的香榧产业基地　（照片提供：安徽詹氏食品股份有限公司）

芜湖
苏州
上海
太湖
宣城
铜陵
湖州（1995年）
湖州
嘉兴
池州
州
湾
杭州
杭
舟山
杭州（1957年）
绍兴
宁波
宁波（1981年）
黄山
绍兴
会稽山区
金华
景德镇
浙
金华
东
衢州（2005年）
衢州
台州（2005年）
台州
丽水
上饶
丽水（2005年）
温州（2005年）
温州
海
图例
比例尺 1：3500 000
香榧在浙江的扩展

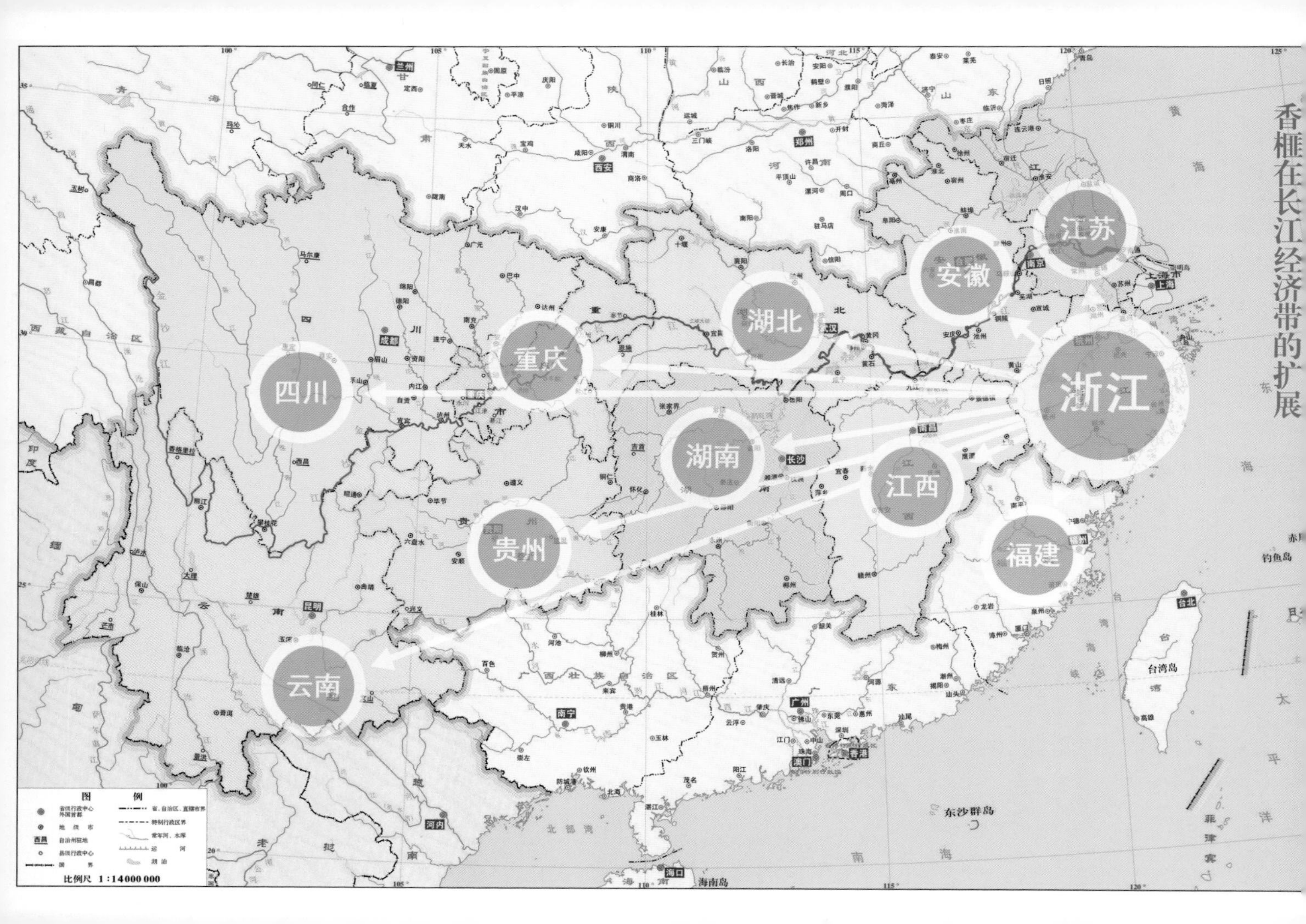
香榧在长江经济带的扩展
浙江
江苏
安徽
湖北
重庆
四川
湖南
江西
福建
贵州
云南
图例
比例尺 1:14000000

七、抚育与管理

抚育与管理指造林后至树木衰老更新前，为使幼年树体迅速生长，缩短进入盛果期所需时间，促进成年树丰产、稳产、优质所进行的林地管理、树体管理和更新等一系列抚育与管理措施的总称。榧林的抚育与管理，主要是松土、除草、施肥和病虫害防治，以及造林初期遮阴和嫁接树除萌。香榧幼林必须及时清除杂草，否则极易杂草丛生，天干物燥之时，星星之火就能使经营多年的香榧林毁于一旦。

幼年期香榧树喜阴，怕高温、干旱和日灼，造林 2 年内，应尽可能遮阴，以减少阳光直射，从而起到降温、保湿、减少蒸发和蒸腾的作用，以利于幼树成活。遮阴宜早不宜迟，冬季造林的不能迟于 4 月初，春季造林的在造林后立即进行，10 月中旬除去遮阳网。在高温、干旱和强日照的低丘，遮阴时间为 2 ～ 3 年；在海拔 400 ～ 500 米处，遮阴时间为 1 年；在 500 米海拔以上的山地，如果四周林地植被保存较好，可以不遮阴。

根据香榧幼年期耐阴的特点，在对幼林抚育时可保留西南方向的杂草灌木，造成侧方庇荫；也可选择大豆、芝麻和花生等作物套种，既可获得早期收益，又可庇荫。套种的作物离香榧种植穴要有一定的距离；也不能选用南瓜等藤蔓作物，以免绞杀香榧幼树。

香榧的成林抚育是指香榧进入结实期后，在保证营养生长的基础上，促进结实树高产、稳产和优质的一系列管理措施。成林管理主要指针对现有香榧林雄株少、授粉不良、病虫为害、落花落果严重、土壤瘠薄、结果树衰老、生殖和营养生长失调等低产原因而采取的施肥、人工辅助授粉、防御自然灾害、防治病虫害和保花保果等措施。

危害香榧的自然灾害主要是风折、雪压、冻雨、雷电和火灾。主要病虫害是白蚁、香榧细小卷蛾、香榧硕丽盲蝽、螨虫、绿藻等。为了保证香榧品质，尽量少用甚至不用农药。

榧林的抚育最重要的是林地深翻。香榧根系皮层厚，表皮上分布多而大的气孔，具有好气性。在荒芜板结或地下水位高的林地，根系上浮，多密集于地表，林地深翻能促使根系向深广方向发展。根系再生力强，一旦断根，能从伤口的愈伤组织中产生成簇的新根，且粗壮有力。

香榧林地深翻

前面说过，香榧是浅根性树种。长年累月的风吹雨淋，尤其是在坡度较大的地段，极易造成表土流失，使树根裸露，不利于香榧树的生长。而垒石砌墈或做鱼鳞坑，则是解决这一问题的最直接、有效的措施。

香榧林地砌墈保土

香榧树幼年期喜阴，特别是在栽植后的恢复期内，因根系受损，吸收水分的机能下降，极易受高温、干旱和日灼的影响而造成幼树大量死亡；即使存活，其当年生长量和以后的生长速度也会受到很大的影响。因此，造林 2 年内，应该对幼树遮阴，以减少阳光直射，起到降温、保湿、减少蒸发和蒸腾的作用，以利于幼树成活。遮阴一般用遮阳网，四周用支杆撑起固定。这种被戏称为“戴乌纱帽”的做法目前被广泛采用。

香榧林遮阴

香榧树的病虫害大多不是致命的。但大雪、冻雨或台风等灾害性天气却是古树的几大杀手，因为香榧树常绿且树冠巨大，灾害性天气对古树造成损伤的情况经常出现。

常年结实使香榧树枝不堪重负，外加风雪等自然灾害、采摘时的人为攀登，使断枝现象时有发生。产区农民因陋就简，利用毛竹作支撑，对古树起到了较好的保护作用。

风折

雪压

用毛竹支撑

这些断裂树枝的横截面几乎都呈藕管状，这是散白蚁（主要有黑胸散白蚁和黄胸散白蚁两种）的“杰作”。散白蚁能钻透树干木质部，使其形成藕管状孔道，导致香榧树生长不正常，结实少，颗粒小，有的不到成熟就脱落，树干强度下降，一遇灾害性天气就会断裂。

还有一类土栖白蚁（以黑翅土白蚁为主，也有黄翅大白蚁），啃食树皮，对低龄榧树危害较重，常导致其死亡。

白蚁已成为区域性害虫，原因有三：一是香榧产区阴凉潮湿，生态环境适合白蚁繁衍；二是白蚁蚁巢多，难杀光，而且有补充型生殖蚁，清除较困难；三是不能在香榧林或香榧树上直接喷洒农药，否则会污染环境，造成农药残留。目前一般采用保护其天敌的方式来抑制白蚁种群数量。鸟类、两栖动物、爬行动物、昆虫中有很多是白蚁的天敌，穿山甲更是挖蚁巢的高手。人工防治一般用引诱白蚁后使其在蚁群中传播药物致死的方法。

散白蚁为害状

土栖白蚁为害状

（照片提供：童品璋）

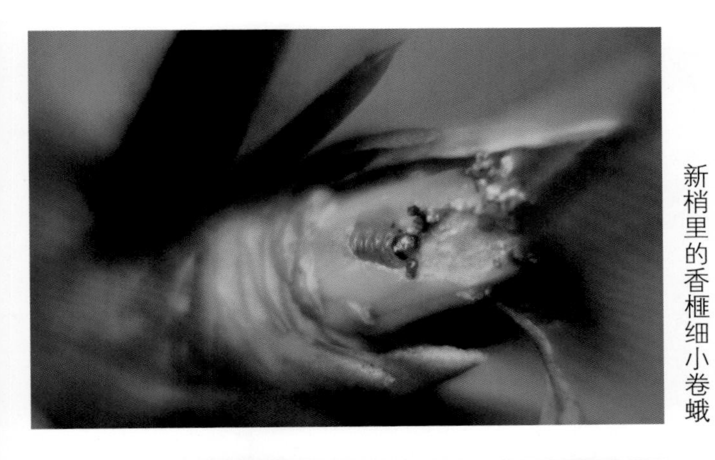

新梢里的香榧细小卷蛾

榧蒲上的冷杉瘿螨茧（照片提供：夏国华）

绿藻

蚧壳虫危害状

榧林中的避雷针

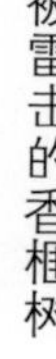
被雷击的香榧树

香榧树体高大，且大多生长在山坡，容易遭受雷击。雷击对香榧树造成的伤害主要表现为在一定高度直到地面的树干灼伤与撕裂，遭受雷击后自上而下逐年枯死。据观察，雷击有一定的地域性。预防的方法就是在雷害多发地段安装避雷针。

八、采收与加工

香榧在每年9月假种皮由青转黄、纵裂、少数种子自然脱落时即可采收，但略有迟早。为了保证质量，要做到成熟一株采收一株。如遇夏秋季长期连续高温干旱，成熟期会延迟，采收就得相应推迟。21世纪初，浙江林学院田荆祥等对采集到的诸暨香榧种子样品进行分析，结果表明，香榧种子内部种壳先发育，6月中旬至7月为旺盛生长期，7月中旬进入种仁快速生长期，从7月15日到9月5日的50天中，种子出仁率由37.38%上升到67.60%，种仁含水量由12.75%下降到6.46%，含油率由21.40%上升到54.48%。

香榧树四季常绿，种子成熟时枝头已孕育下一年的幼小种子，为了保护树体和幼子，不允许采用敲树枝击落成熟种子的方法，而且种子受到敲击和落地时，也会伤及假种皮而影响后熟。一般也不用拾子法，因为自然落子会因不及时捡拾而失水，影响后熟，而且树下杂草、泥石缝及鼠害等也会对落下的种子造成损失。因此，自古以来一直采取上树采摘的方法。那从树梢上一粒粒采摘、用绳子一篮篮放下的画面，看上去很美，但做起来很累，这不但是体力活，更是技术活，甚至有些危险。

采摘后的“榧蒲”（带假种皮的种子）需经两次后熟。先进行假种皮后熟：在通风室内，将榧蒲堆放在地面（以泥地为宜）上，堆高25厘米左右，覆稻草保湿，堆放时间随成熟度而定。当假种皮由黄转微紫褐色，易与种子分离时，即可剥去。此时“毛榧子”中的单宁未完全转化，尚需种子后熟：堆高25厘米左右，经15 ~ 20天，中间需要翻动几次，以防过热，待残剩的假种皮转黑、内种皮大部分转黑、榧眼端尚存一点红色时，后熟恰到好处，洗净、晒干即可。

香榧炒制颇有讲究，工艺、火候和手法三者缺一不可。那“恰到好处”或“特有香气出现时”只可意会，全凭加工者积累的经验，差一点不酥不香，过一点则乌焦。现在一般经营大户都用机械炒制，而普通农户仍用手工。过程是：先筛选分类，再根据香榧大小加粗盐分别焙炒，免得小的乌焦而大的未熟。火势要旺，炒至六七成熟时，筛出粗盐，将香榧倒入事先准备好的盐水中，浸泡3 ~ 5分钟，捞出沥干。再加粗盐翻炒，使之成色、香、味俱佳的双炒椒盐香榧。

成熟的香榧

香榧是远古孑遗植物，而采摘香榧的方法千百年来也没有大的变化。虽然有的工具各地略有差别，但都大同小异，主要有梯子、钩篮、绳子、刀篰等。

采摘香榧看似不难，但这种枝尖上的舞蹈，可真不是一时半会儿学得会的，那是经验、体力和毅力的综合反映。

为确保安全，采榧人会用扎实有效的措施保护自己：上树后先用绳索将采摘的作业枝与上部骨干枝拴在一起以加固（此举称为“做单线”），以防意外事故的发生。

香榧的采摘（照片提供：徐德文）

手工剥除假种皮的铜刀

剥除香榧假种皮多用铜刀。这是由于假种皮中含有单宁，易使铁器发黑，反过来又弄脏香榧。

香榧假种皮完全后熟就应该及时剥去，否则，假种皮产生的腐烂液会通过种孔渗入种仁，使香榧变质，榧农称之为“臭榧”。

右图中可见完成第一次后熟的种子、刚刚剥出的“毛榧子”和剥下的假种皮。

手工剥除假种皮

香榧剥皮机

手工剥除假种皮效率低，费时久，于是剥皮机应运而生。这种类似于碾米机的机械大大提高了工效，但容易碾破外种皮（壳），更多的则是造成肉眼无法看出的内伤，直接导致种仁变质，表现为外种皮出现油斑。随着香榧产量的提高，机械化剥皮是必然趋势，但目前这种机械有待进一步改进。

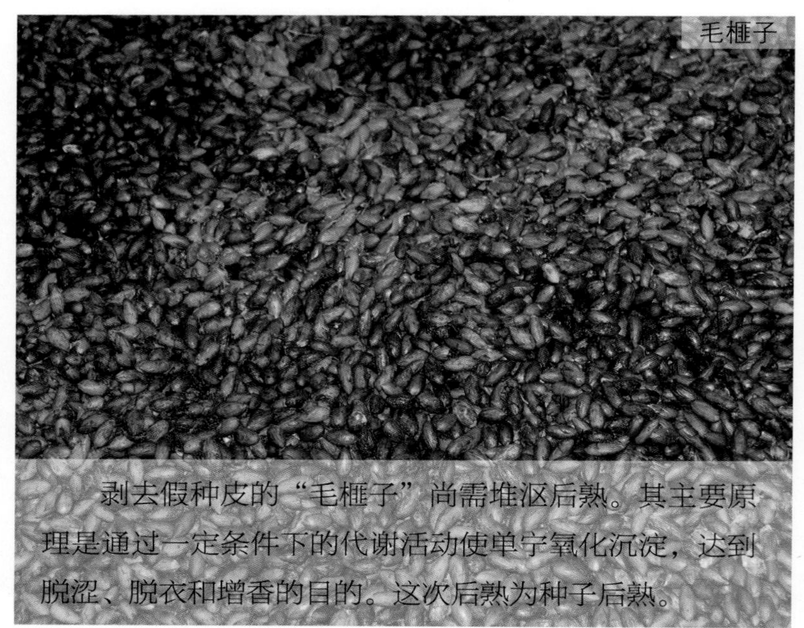

毛榧子

剥去假种皮的“毛榧子”尚需堆沤后熟。其主要原理是通过一定条件下的代谢活动使单宁氧化沉淀，达到脱涩、脱衣和增香的目的。这次后熟为种子后熟。

香榧成熟的标志是假种皮由绿色向黄色转变、裂开并使种子脱离。是否充分成熟对于香榧品质的好坏至关重要。于是有科技工作者提出“完熟采收”的设想，即在假种皮裂开后再采收。推荐的方法是分批采摘，或在树下铺设采收网，每天捡拾落子。

采收网　　（照片提供：童品璋）

分批采摘是基于同一株树上的香榧不可能在同一天成熟，时间差可达20天以上。要做到成熟一颗采摘一颗，就得每天上树，对每一颗香榧的成熟度做出评估，以决定采摘与否，这显然不现实。

铺设采收网的好处，一是保证每一颗收获的香榧都是充分成熟的；二是减少了假种皮后熟环节，简化了加工工艺；三是避免了上树作业的风险和对香榧树的损伤；四是可以使假种皮直接还山（因种子已分离），既避免了对环境的污染，又为林地施了一次有机肥。缺点是：采收网有成本；采收时间拉长；用工量增大。

种子后熟完成后，应及时洗晒，以防幼胚发芽。目前，已有类似混凝土搅拌机的香榧清洗机用于生产。

香榧清洗机

洗净后的榧子应立即晒干，至外种皮（壳）发白，此时称“白壳榧”，可以贮藏，或进行下一步加工。

晒香榧

在自给自足的时代，香榧主要供自己消费和馈赠亲友；炒香榧就用做饭的柴灶。

手工炒制香榧

随着产业的发展，一些香榧炒制厂已开始使用效率更高的半机械化设备，有效地减轻了劳动强度，但火候的掌握仍然依赖操作者的经验。目前的香榧加工，一般经过两次炒制，中间在盐水中浸泡一次，制成双炒椒盐香榧。

半机械化炒制香榧

榧树从亿万年前的古老植物，经受住冰川袭击而顽强地生存下来，成为我国的特有树种，又经会稽山先民的改造而成为出产别具特色的干果的良种。香榧从开花受粉到种子成熟需经历漫长的 17 个月，采收过程惊险神奇，加工方法又复杂烦琐。一颗香榧从生长到可食用，其间包含了无尽的等待及无限的艰辛。

香榧价格数倍于其他干果，作为消费者，自然更关心香榧的品质。那么，我们就来说一下挑选香榧的诀窍。

香榧种子结构

挑选香榧的诀窍

1. 看榧眼：香榧的榧眼 2 个对生；实生类型的榧子的榧眼虽也有 2 个的，但普遍超过 2 个。
2. 看个头：颗粒匀称，大小适中。
3. 看外壳：凹纹要浅，不能有油斑。油斑说明种仁变质，形成原因是加工过程中受伤、后熟时温度过高或贮存时间过长。
4. 摇一下：会响说明不饱满。
5. 品尝：壳薄仁满，脱衣容易，种仁淡黄色至黄色、松脆、细腻、味香。

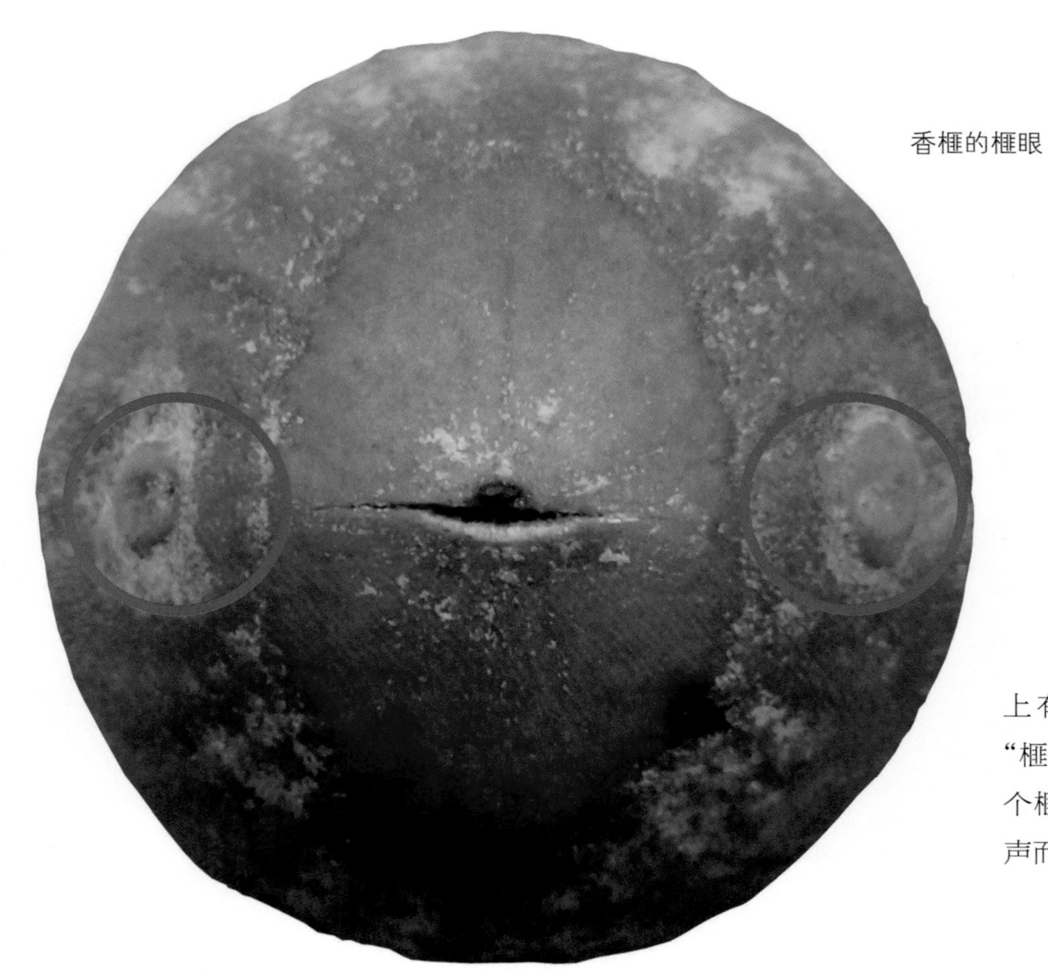

香榧的榧眼

香榧较大端外种皮（壳）上有一对对生的凸起，人称“榧眼”。剥壳时只要手指对两个榧眼用力按压，外壳就会应声而开。

通过对榧眼的观察，可以区分香榧与实生类型的榧子。香榧的榧眼2个对生，极少例外；而实生类型的榧子则经常出现3个、4个，甚至8个榧眼。实生类型的榧子的榧眼形状、大小差异显著，且排列无规则，有大致均匀的，也有像比目鱼的眼睛一样2个靠近甚至紧挨着的。

变化多端的实生榧子榧眼

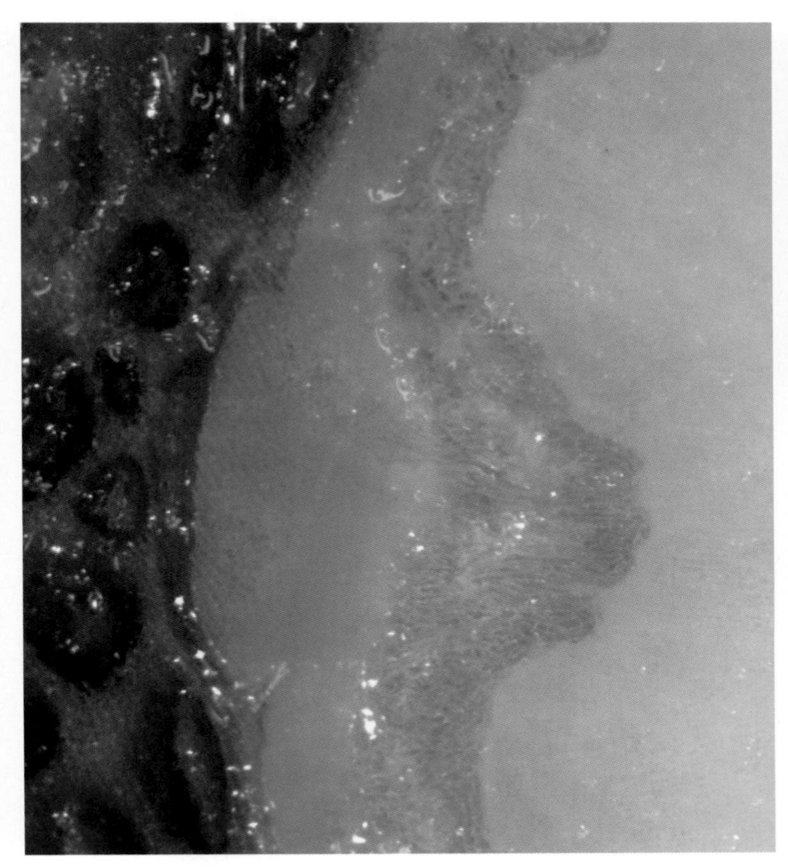

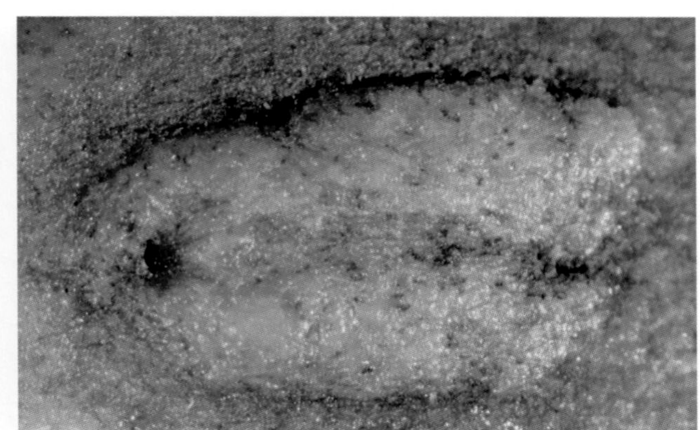

香榧榧眼正面观　　（照片提供：夏国华）

现阶段人们对榧眼的来源、功能与作用不甚明了，有萌发孔、气孔、种脐3种猜测，但均无根据。据斯海平与夏国华研究，榧眼具有明显增厚的结构，两端各有1个凹点，且有浅沟相连。可以肯定，这是生物特征长期演化的残遗。

米榧种子速生期后的榧眼横断面
（照片提供：夏国华）

有油斑的香榧

再说油斑：香榧种仁含油率超过 50%，这是香榧特殊风味的源泉。但如果种子在加工过程中受伤、后熟时温度过高或贮存时间过长，种仁中的油就会氧化腐败，并从外种皮（壳）上渗出，呈油渍状，颜色加深。

香榧不宜久贮，确有必要时，应冷藏。

香榧价格较高，属于礼品级消费品。那么，它真的物有所值吗？

香榧在剥壳（外种皮）、去衣（内种皮）后，剩下的种仁（胚乳）才是可食部分。香榧种仁具有特有的香味，不同于其他裸子植物，更不同于被子植物。

传统中医理论认为，香榧具有杀虫消积、润肺化痰、滑肠消痔、健脾补气、去瘀生新等药用价值。

据浙江林学院分析，香榧种仁含油率为 54.62％ ~ 61.47％。种仁内含 17 种氨基酸，氨基酸含量达 11.81％，其中，有 7 种人体必需氨基酸，必需氨基酸含量丰富，占氨基酸总量的 38.61％，配比适宜。种仁还含有 19 种矿物元素，生命必需的钙、钾、镁、铁、锰、铬、锌、铜、镍、氟、硒等全部具备。

香榧种仁（胚乳）

近几年研究发现，香榧种仁中不饱和脂肪酸含量很高，还含有一种特殊的脂肪酸——金松酸（二十碳三烯酸），其含量占脂肪酸总量的 10% 左右。金松酸是松柏科和红豆杉科等裸子植物的特征脂肪酸，具有抗炎、调节血脂、抑制肝脏与血浆中脂肪酸合成酶的活性等功效。

香榧具有如此神奇的营养成分，但目前干果产量还不到 4000 吨，全国人均不到 2 颗。

目前，栽培香榧的目的主要是收获种子。但除种子外，其假种皮、叶子等均有一定的利用价值。据浙江林学院分析，香榧假种皮中氮含量达 1.3％以上，磷含量为 0.35％～0.45％，钾含量为 0.7％～0.9％，是优质的有机肥源。

20 世纪 80 年代，诸暨东溪香料厂利用假种皮蒸馏芳香油、浸膏、明膏等。郑仁木 1959 年编著的《香榧栽培法》一书指出："香榧子的外种皮很厚，约占果实重量的 50%～60%。根据浙江诸暨化工厂的生产经验，这种假种皮，只要经过蒸馏处理，便可获得经济价值较高的高级香料和工业、医药上的重要原料。"书中还画了当时蒸馏"外种皮"（应为假种皮）的设备示意图。

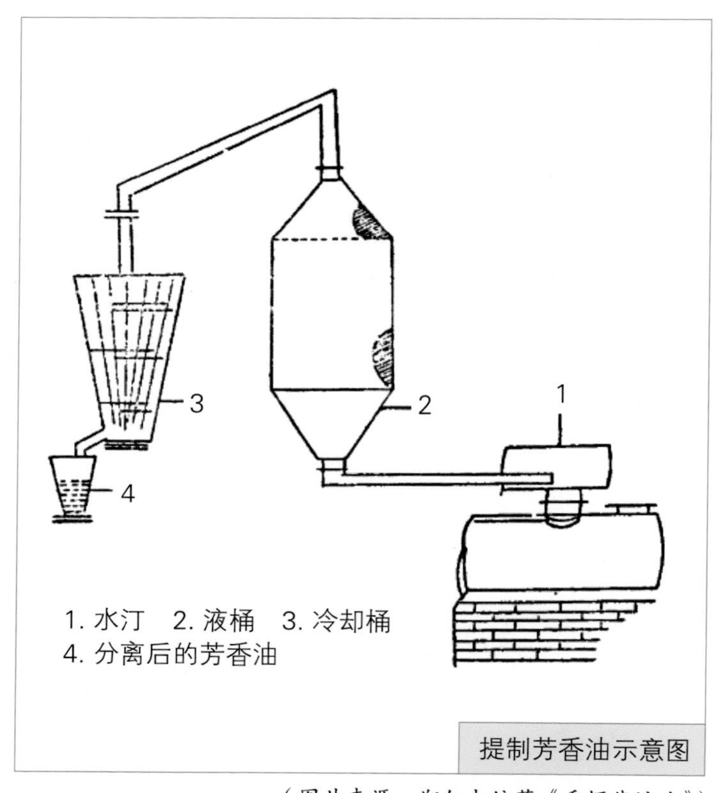

提制芳香油示意图

（图片来源：郑仁木编著《香榧栽培法》）

九、过去与未来

人类认识榧树，最早是用作木材。《尔雅·释木》中有“柀，煔”，指的就是榧树。《国朝三修诸暨县志·物产志》载：“枯。《说文》：‘木也’(字亦作‘樧’)。《尔雅》作‘煔’。”这也是第一次出现“香榧”一词的书籍。榧树的另一大用处是药用。《名医别录》中认为榧子“主五痔”，“有毒”，“棑华，春生乃采。不可久服”。唐人孟诜（621—713）所著《食疗本草》说：“治寸白虫：榧子日食七颗，满七日。”这也是现在所能考证到的最早使用“榧”字的著作。以后香榧逐渐被食用，还被作为美容食品。

香榧的嫁接繁殖可以追溯到南北朝，至少在那时，人们就对榧树的品种类型和种子品质有所研究了。

“细榧”一词出现在1640年前后。散文家张岱(1597—1679)所著《陶庵梦忆》卷四《方物》载：“诸暨则香狸、樱桃、虎栗；嵊则蕨粉、细榧；龙游糖。”

香榧进入植物学家的视野，始于民国时期。胡先骕、秦仁昌、郑万钧、曾勉之等都考察过诸暨香榧。而针对香榧生产进行研究，还是近60年的事，即引发了香榧栽培史上的五次技术革命。第一次是1959年圃地播种育苗和1960年小苗嫁接成功。第二次是1959—1962年诸暨县林业特产局汤仲壎在钟家岭村揭开了香榧开花受粉的秘密，人工辅助授粉试验成功，使产量显著提高。第三次是1995—1997年诸暨市林业技术部门用保果剂保花保果成功。第四次是香榧生产标准的制定和发布。第五次是香榧工厂化育苗的发展。

2004年3月，香榧被诸暨市民选为诸暨市市树；2004年10月，全国首个省级香榧森林公园在诸暨开园，并于2009年12月经国家林业局批准升格为浙江诸暨香榧国家森林公园；2010年7月，枫桥香榧被评审为中国地理标志保护产品，并于2013年11月获得中国地理标志证明商标；2013年5月，绍兴会稽山古香榧群被认定为全球重要农业文化遗产；2014年10月，香榧被确定为绍兴市市树；2016年11月，中国香榧博物馆在诸暨建成开馆；2017年12月，首届“中国最美森林”推荐遴选活动结果揭晓，浙江绍兴会稽山古香榧群榜上有名；2018年4月，“枫桥香榧”入选全国经济林产业建设试点单位。

经过最近几十年的引种，香榧已逐步在10省1市生根并投产，种植总面积达到80多万亩，有关香榧的加工技术与工艺也在被不断研究和开发。这一原先只在小范围出产的珍稀特产，必将惠及更多的消费者。

因文人的活动而让榧树被记入史书的例子不胜枚举，其中首推王羲之。《晋书·列传·王羲之》载：“尝诣门生家，见棐几滑净，因书之，真草相半。后为其父误刮去之，门生惊懊者累日。”《晋书》为唐人所作，可知唐时榧又写作“棐”，想来王右军在绍兴兰亭曲水流觞、诗酒唱酬时也应有一碟榧子助兴。刘子翚、叶适、梅尧臣、米芾、陆游等都写过咏榧子、榧树或榧木的诗文。苏轼的《送郑户曹赋席上果得榧子》就广受后人推崇。

送郑户曹赋席上果得榧子

（宋）苏轼

彼美玉山果，粲为金盘实。瘴雾脱蛮溪，清樽奉佳客。
客行何以赠，一语当加璧。祝君如此果，德膏以自泽。
驱攘三彭仇，已我心腹疾。愿君如此木，凛凛傲霜雪。
斫为君倚几，滑净不容削。物微兴不浅，此赠毋轻掷。

一个世纪以后，严有翼《艺苑雌黄》云：“予与潘伯龙食榧子，言诸处皆不及玉山者，方悟东坡诗语，恐是上饶玉山县。潘云，玉山地名，在婺之东阳县，所生榧子，香脆与他处迥殊。”吃榧子，先背诗，再考证产地，着实有趣！

而同时代鄞县人高似孙的《剡录》则谓：“玉山属东阳。剡暨接焉，榧多佳者。”也就是说，玉山确实在东阳，好香榧却在嵊县与诸暨接壤处。真是谁不说俺家乡好，剡暨虽非俺家乡，总比别处近得多。这些文人雅士简直太可爱了！

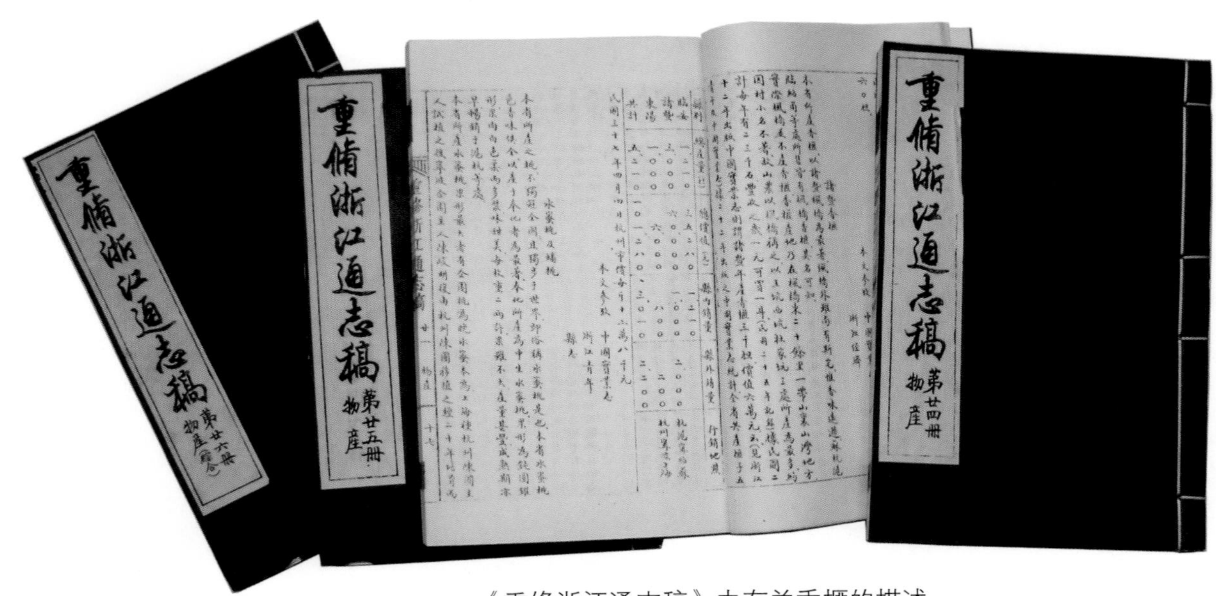

《重修浙江通志稿》中有关香榧的描述

《重修浙江通志稿》载：“本省香榧以诸暨枫桥为最著名。除枫桥外尚产斯宅，唯香味远逊。苏杭沪临绍甬等处所售皆有枫桥香榧，其名可知。”而曾勉之在《浙江诸暨之榧》中对枫桥、斯宅两地所产的榧子是这样评价的：“枫桥与斯宅二区，榧树品种颇不少，惟差异甚微。”

一种特产，其产地与风味的关系居然引起千年争论，这就是香榧的魅力。

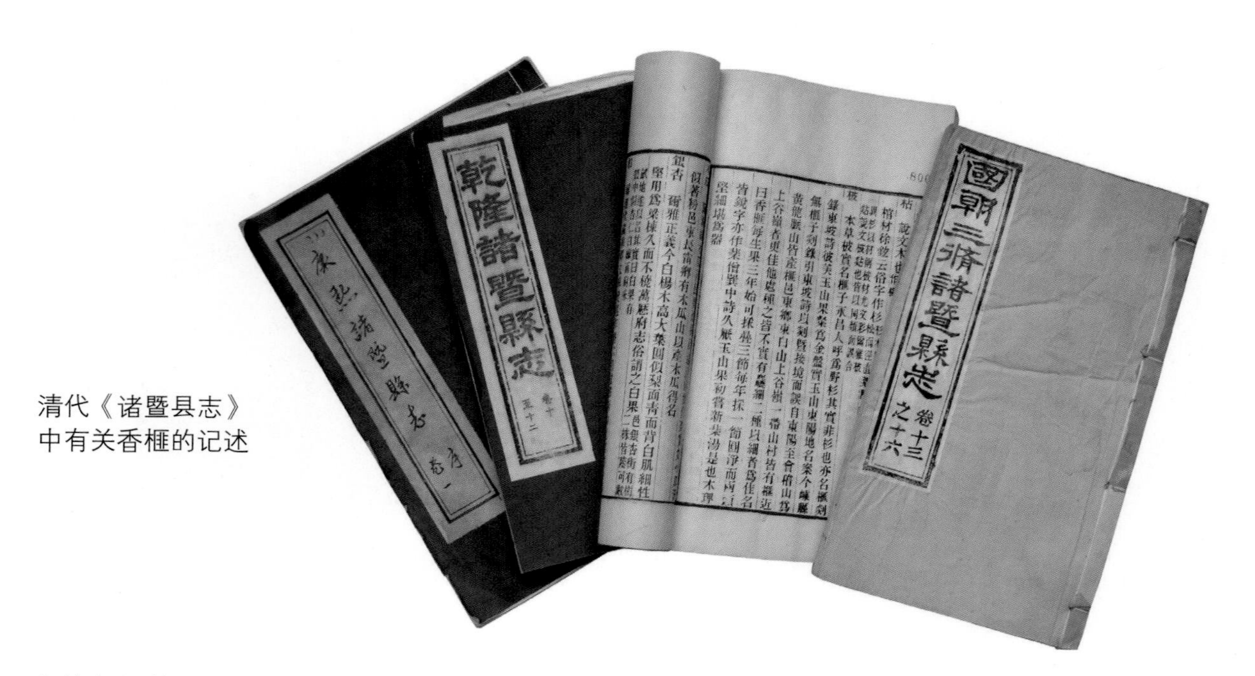

清代《诸暨县志》
中有关香榧的记述

光绪年间的《国朝三修诸暨县志》特别值得一说，这是目前能找到的最早使用了“香榧”一词的典籍。同时，其中有“有粗细二种，以细者为佳，名曰‘香榧’。每生果，三年始可采；叠三节，每年采一节”的描述，说明“香榧三代果”是古已有之的说法。

1924年出版的这本《诸暨民报五周纪念册》，不但记录了诸暨香榧的产地、产量、价格、销售方式与销售地，还较为详细地描述了香榧与几个自然类型之间的区别。

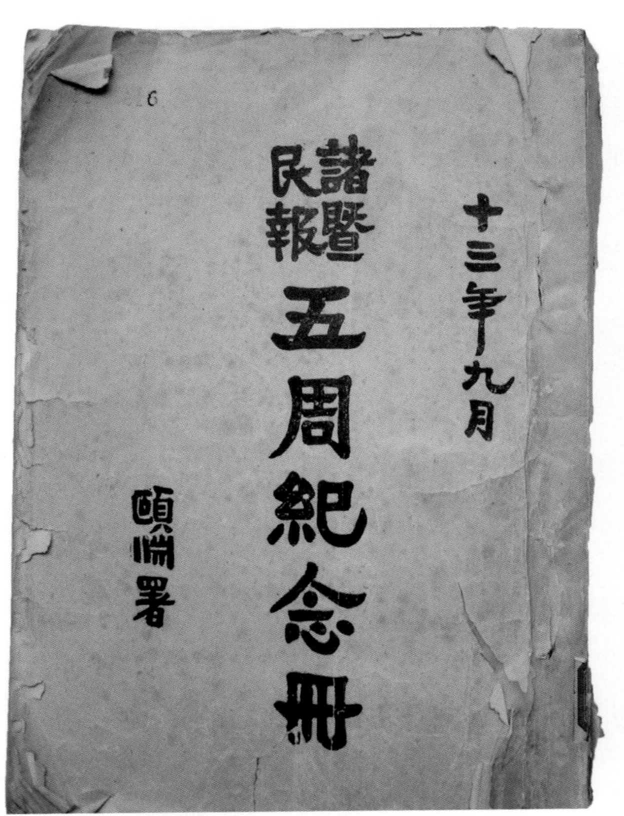

榧

大別爲二種曰「香榧」，味極香美；旋面者更佳。產西坑王坑杜家坑裏外宣鍾家塢歲出一千四五百擔至四千五百餘擔。八石坂坑口一帶所產亦有名。咸同間每斗值八十文；光緒廿年間值皆百六十文；宣統間漲至五百文；民國十一年每斗值銀一圓；十二年，每斗值銀七角。消運蘇滬杭臨紹甬等處；肩挑呼賣者，亦不少。曰「圓榧」，有「芝蔴榧」，「開花榧」，「火熒榧」，「編貫榧」諸稱，味較劣，接之即爲「香榧」。

《诸暨民报五周纪念册》中有关香榧的记述

20世纪20年代以来，植物学家频频到诸暨进行香榧的考察，有关香榧的论文也多次见诸学术刊物。1927年10月，胡先骕与秦仁昌考察诸暨西坑（今赵家镇榧王村），分别发表了《中国榧属之研究》《中国香榧分布及产地记述》的考察报告。这是首次在科学文献上将嫁接的良种榧称为香榧。虽然清末民初枫桥就已成为香榧的集散地，但这是迄今发现的最早使用“诸暨枫桥香榧”一词的文章。1929—1932年，郑万钧两次调查浙江诸暨的香榧栽培情况，发表了《浙江诸暨香榧调查》。1934年秋，曾勉之考察诸暨枫桥及斯宅以后，在《园艺》杂志创刊号上发表了《浙江诸暨之榧》一文，对香榧及7个自然类型做了详细的阐述和比较。文中提到“斯宅一处，秦氏未做调查；茄榧与旋头榧，均属新品种，而人尚未知之者”，因此他可能还是第一个考察斯宅坑口香榧的植物学家。

1959年，上海科学技术出版社出版了郑仁木编著的《香榧栽培法》一书。这是系统介绍香榧育苗、种植与加工的图书，虽然只有短短42页，却是最早的香榧专著。

《中国榧属之研究》

（照片提供：俞广平）

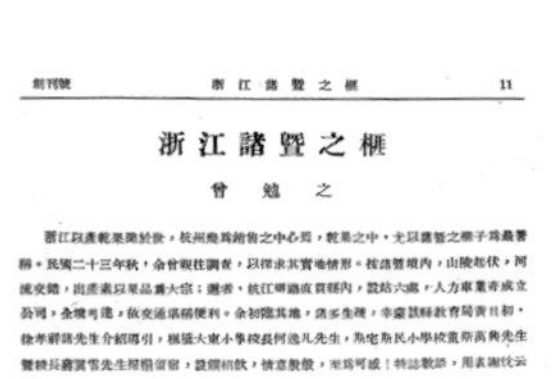

创刊号　浙江诸暨之榧　11

浙江諸暨之榧

曾勉之

《浙江诸暨之榧》

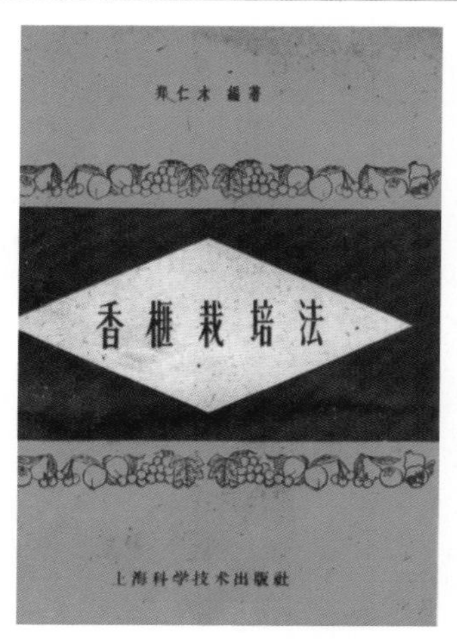

《香榧栽培法》

汤仲壎（1931—2007），浙江省诸暨市林业科学研究所高级工程师，长期从事香榧的速生、早实、丰产技术和基础理论的研究。他于1962 年揭示了会稽山区大量香榧树长期不结实的原因；首创香榧人工授粉技术，使产区香榧年均增产 102%，其科研成果以“揭开香榧间歇结实之谜”为题，展出于 1978 年浙江省科技成果展览会；科研事迹先后受到《人民日报》《光明日报》《科学大众》《南开大学学报》等 11 种报刊的报道。

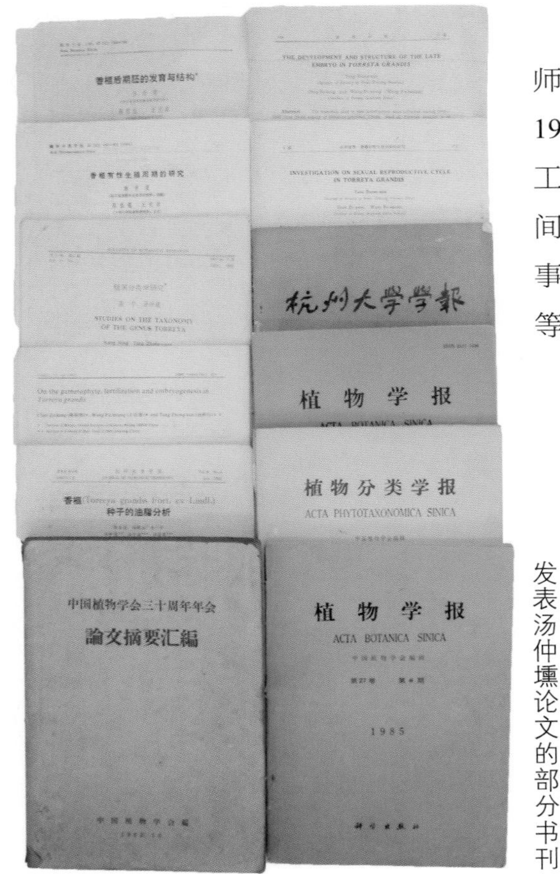

发表汤仲壎论文的部分书刊

2005年5月13日，汤仲壎（右一）到钟家岭村看望曾经的合作伙伴

除汤仲壎以外，马正三、童品璋、任钦良等人对香榧进行了大量的科学研究，解决了一系列生产问题。

许多高校和科研机构均积极参与香榧的科学研究，有力地推动了香榧产业的发展。

收录与刊载马正三论文的部分书刊

收录与刊载童品璋论文的部分书刊

收录与刊载任钦良论文的部分书刊

科研成果只有及时应用于生产实践，才能发挥作用。在这方面，几十年来，香榧科技工作者通过举办培训班与现场指导等方式，为推广新技术作出了巨大的贡献。

诸暨市香榧栽培技术培训班

浙江省《无公害香榧》系列标准

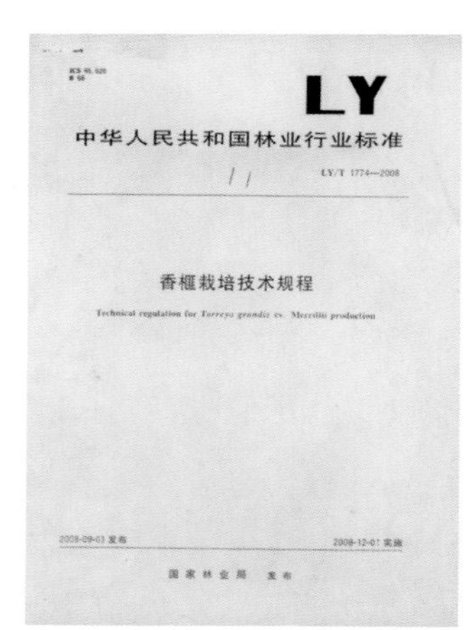

《香榧栽培技术规程》

《果用香榧栽培技术规程》

1996 年，诸暨市质量技术监督局发布了《香榧良种与丰产栽培》的地方标准，开启了香榧生产的标准化时代。香榧标准的制定被称为香榧栽培史上的第四次技术革命。2001 年，浙江省《无公害香榧》系列省级地方标准在杭州通过审定。国家林业局于 2008 年制定了《香榧栽培技术规程》，又于 2011 年制定了《果用香榧栽培技术规程》等行业标准。

2003 年 10 月 8 日，浙江省香榧产业协会在诸暨成立。

浙江省香榧产业协会会徽

浙江省香榧产业协会成立大会

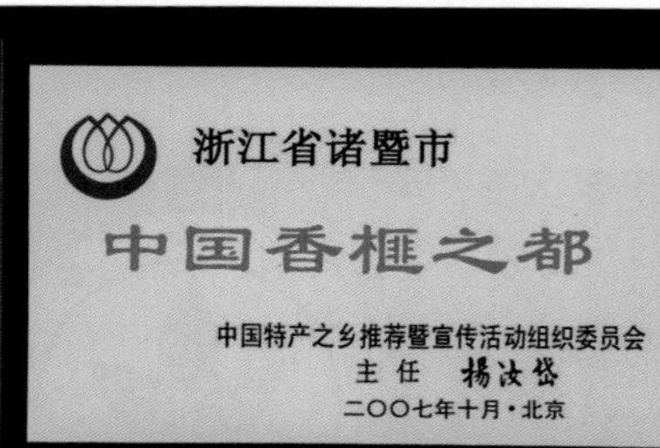

2007 年 10 月 28 日，诸暨市举办中国香榧节。开幕式上，中国特产之乡推荐暨宣传活动组织委员会授予诸暨“中国香榧之都”的称号。

中国香榧节

目前，与香榧有关的旅游、娱乐场所陆续开放，丰富了人们的业余生活。

绍兴会稽山千年香榧林月华景区

2016 年 11 月 8 日，中国香榧博物馆在浙江诸暨建成开馆。

中国香榧博物馆的设计理念是把香榧独特的物种特性和悠久的会稽山农耕文化结合在一起，主体建筑遵循江南的微起伏地形和千年香榧林“曲曲盘盘进榧山，层层叠叠万家欢”的空间关系，结合香榧的外形，进行雕塑化的造型处理，以表达对于香榧既熟悉又陌生的联想。展示空间面积达 6400 平方米，展览主题为“守望香榧”，展览内容由认识香榧、人文香榧和产业香榧三部分组成。

中国香榧博物馆后面建有香榧主题公园。它占地 33 亩，园内香榧大树景观优美，保存良好，与香榧博物馆主体建筑协调互补，为香榧研究、展示观光、科学考察、修习教育及生物多样性保护相结合的综合性公园。

中国香榧博物馆

（照片提供：郦以念）